J.P. Saranraj
P. Sivasakthivelan

# Deterioração microbiana do peixe e medidas de controlo

J.P. Saranraj
P. Sivasakthivelan

# Deterioração microbiana do peixe e medidas de controlo

ScienciaScripts

**Imprint**
Any brand names and product names mentioned in this book are subject to trademark, brand or patent protection and are trademarks or registered trademarks of their respective holders. The use of brand names, product names, common names, trade names, product descriptions etc. even without a particular marking in this work is in no way to be construed to mean that such names may be regarded as unrestricted in respect of trademark and brand protection legislation and could thus be used by anyone.

Cover image: www.ingimage.com

This book is a translation from the original published under ISBN 978-3-659-86085-0.

Publisher:
Sciencia Scripts
is a trademark of
Dodo Books Indian Ocean Ltd. and OmniScriptum S.R.L publishing group

120 High Road, East Finchley, London, N2 9ED, United Kingdom
Str. Armeneasca 28/1, office 1, Chisinau MD-2012, Republic of Moldova, Europe
Printed at: see last page
**ISBN: 978-620-8-33051-4**

# ÍNDICE

## Resumo

O peixe estragado (Yellow goat fish - *Sulphureus cuvier)* foi recolhido em três locais diferentes, *nomeadamente* no mercado de peixe de Chidambaram, em Killai e em Bhuvanagiri. As amostras de peixe estragado recolhidas foram conservadas no frigorífico a 4 °C. Foram isolados e identificados cinco isolados bacterianos a partir de peixe de cabra amarela estragado. A bactéria de deterioração - I foi identificada como *Escherichia coli,* a bactéria de deterioração - II foi identificada como *Vibrio cholerae,* a bactéria de deterioração - III foi identificada como *Staphylococcus aureus,* a bactéria de deterioração - IV foi identificada como *Salmonella typhi* e a bactéria de deterioração - V foi identificada como *Pseudomonas fluorescens.* O efeito dos conservantes químicos na inibição de bactérias patogénicas foi estimado pelo método de difusão em Agar. O diâmetro da zona de inibição de todas as culturas bacterianas aumentou com o aumento das concentrações de conservantes químicos de 200 para 1000 $\mu l\ ml^{-1}$ . Foi determinado o efeito de vários conservantes químicos na inibição do crescimento de bactérias isoladas de amostras de peixe estragado. Todas as concentrações mostraram uma zona inibitória contra todos os isolados bacterianos testados. O nitrito de sódio apresentou a zona de inibição máxima contra *Staphylococcus aureus*, seguido de *Salmonella typhi*, *Pseudomonas fluorescens* e *Vibrio cholerae*. A menor zona de inibição foi observada em *Escherichia coli.* Entre os agentes patogénicos testados, verificou-se que *o Staphylococcus aureus* era mais suscetível aos conservantes químicos e *a Escherichia coli* era menos suscetível.

# CAPÍTULO 1. INTRODUÇÃO

O peixe é um cordado não tetrápode, ou seja, um animal com coluna vertebral que possui guelras durante toda a sua vida e tem membros em forma de barbatanas (Nelson, 2006). Trata-se de uma importante fonte de alimento para a humanidade em todo o mundo e é uma fonte muito importante de proteína animal (Ravichandran *et al.*, 2010; Ojewola e Annah, 2006; Chowdhury e Maharjan, 2001; Sutharshing e Sivashanthini, 2011). Os constituintes importantes do peixe são a água (70,0-85,0%), as proteínas (15,0-20,0%), os lípidos (1,0-10,0%), as cinzas (1,0-1,5%) e os hidratos de carbono (0,3-1,0%). A fração proteica corresponde a 5095% dos sólidos totais do tecido muscular e é composta por proteínas sarcoplasmáticas, miofibrilares e do estroma (Panuncio, 2001; Moghaddam *et al.*, 2007; Sutharshing e Sivashanthini, 2011). O peixe é também uma óptima fonte de vitaminas e minerais (Edem, 2009; Moghaddam *et al.*, 2007). A composição **bioquímica** rica em nutrientes classifica o peixe como um alimento altamente perecível.

O peixe é uma das principais fontes de proteínas e a sua colheita, manuseamento, transformação e distribuição proporcionam meios de subsistência a milhões de pessoas, bem como a obtenção de divisas para muitos países (Al-Jufaili e Opara, 2006). A transformação adequada do peixe permite a utilização máxima da matéria-prima e a produção de produtos de valor acrescentado, o que é obviamente a base da rentabilidade da transformação. A transformação de peixe de água doce, tal como a transformação de outras matérias-primas alimentares, deve: assegurar a melhor qualidade possível no mercado, fornecer uma forma adequada de produto final semi-transformado, garantir a segurança sanitária dos produtos, aplicar o método de transformação mais adequado e reduzir ao máximo os resíduos.

O peixe é um produto alimentar extremamente perecível (Agbon *et al.*, 2002). Logo após a morte, o peixe começa a estragar-se. No peixe vivo saudável, todas as reacções bioquímicas complexas estão equilibradas e a carne do peixe é estéril. Contudo, após a morte, começam a ocorrer alterações irreversíveis que resultam na deterioração do peixe. O efeito resultante é a decomposição do peixe (Akinola *et al.*, 2006). Vários factores são responsáveis pela deterioração do peixe. A qualidade da captura é importante para determinar a taxa de deterioração. Entre outros factores, destacam-se o estado de saúde do peixe, a presença de parasitas, hematomas e feridas na pele e o modo como o peixe foi capturado. A qualidade do peixe capturado depende do manuseamento e da preservação que o peixe recebeu das mãos dos pescadores após a captura. O manuseamento e a prática de preservação após a captura afectam o grau de deterioração do peixe (Akinneye *et al.,* 2007).

A qualidade do peixe acabado de pescar e a sua utilidade para posterior utilização na transformação é afetada pelo método de captura do peixe. Um método de pesca inadequado não só causa danos mecânicos ao peixe, mas também cria stress e condições que aceleram a deterioração do peixe após a sua morte. O peixe é altamente suscetível à deterioração sem quaisquer medidas de conservação ou processamento (Clucas e Sctcliffe, 1987; Okonta e Ekelemu, 2005). Emokpae (1979) relatou que imediatamente após a morte do peixe, uma série de deteriorações fisiológicas e microbianas se instalam e, assim, degradam o peixe. A produção global de alimentos aquáticos mais do que duplicou desde 1970, com um total de aproximadamente 93,2 milhões de toneladas métricas em 1997 (Delgade *et al.*, 2003).

A deterioração dos produtos alimentares pode ser devida a actividades químicas, enzimáticas ou microbianas. A deterioração química e a deterioração microbiana são responsáveis pela perda de 25% dos produtos primários brutos da agricultura e da pesca todos os anos (Baird-Parker, 2000). Um quarto do abastecimento alimentar mundial (Huis in't Veld, 1996) e 30% do peixe desembarcado (Amos, 2007) perdem-se apenas devido à atividade microbiana. Cerca de 4-5 milhões de toneladas de peixe arrastado e de camarão perdem-se todos os anos devido à deterioração enzimática e microbiana resultante de uma armazenagem inadequada no local (Unklesbay, 1992).

A deterioração do peixe é provocada, principalmente, pelas enzimas presentes no peixe vivo. As enzimas começam a decompor os tecidos do peixe. Antes da morte, as enzimas estavam envolvidas na digestão dos alimentos ingeridos e todas as reacções enzimáticas são controladas. No peixe morto, o sistema de controlo falha e as enzimas começam a atuar no sistema alimentar e na carne do peixe, resultando assim em alterações destrutivas suaves. Este processo é referido como deterioração autolítica (FAO, 1985). As bactérias estão presentes no intestino, nas brânquias e nas superfícies da pele do peixe vivo. O mecanismo de defesa do peixe vivo é capaz de combater a ação destas bactérias. No entanto, alguns após a morte, este mecanismo de defesa também falha. Consequentemente, as bactérias invadem o intestino, as guelras e a pele e causam a decomposição do interior e das superfícies expostas do peixe.

A deterioração do peixe fresco pode ser muito rápida após a sua captura. O processo de deterioração (Rigor mortis) começa dentro de 12 horas após a sua captura nas altas temperaturas ambientes dos trópicos (Berkel *et al.,* 2004). O rigor mortis é o processo através do qual o peixe perde a sua flexibilidade devido ao endurecimento dos mexilhões do peixe após algumas horas da sua morte (Adebowale *et al.,* 2008). A maioria das espécies de peixe degrada-se em resultado de enzimas digestivas e lipases, deterioração microbiana de bactérias de superfície e oxidação (AMEC, 2003).

Durante a deterioração do peixe, há uma decomposição de vários componentes e a formação de novos compostos. Estes novos compostos são responsáveis pelas alterações de odor, sabor e textura da carne do peixe. Isto representa uma grande preocupação no que diz respeito à frescura dos produtos vendáveis e à decomposição de proteínas e lípidos. A conservação por congelação, que exige uma energia mais elevada, pode ser alterada por conservantes sintéticos ou naturais para controlar a oxidação lipídica e o crescimento microbiano do peixe durante a armazenagem (Mahmoud *et al.,* 2006). A combinação destes conservantes e da refrigeração diminui o processo de deterioração (Bagamboula *et al.,* 2004).

**Objectivos do presente estudo**

1) Recolher o peixe-cabra-amarelo *(Sulphureus cuvier)* estragado em três locais diferentes.

2) Isolar e caraterizar as bactérias que causam a deterioração do peixe a partir de amostras de peixe recolhidas.

3) Estudar o efeito da temperatura e do pH no crescimento de bactérias causadoras de

deterioração do peixe.

4) Estudar o efeito de vários conservantes químicos na inibição de bactérias causadoras de deterioração do peixe.

# CAPÍTULO 2. REVISÃO DA LITERATURA

Os peixes estão em constante interação com microrganismos que causam a deterioração (Gram e Dalgaard, 2002) e as suas actividades metabólicas resultam no aparecimento de lodo, descoloração grosseira e odores fortes, que se tornam ofensivos para os clientes (Paulsen e Smulders, 2003). A deterioração do peixe não ocorre apenas à temperatura ambiente, mas também à temperatura de refrigeração (5 - 7 °C). À temperatura ambiente, o peixe estraga-se dentro de 8 - 20 horas e, quando armazenado em gelo, pode ser conservado durante 27 - 30 dias. A deterioração é o resultado de uma série de alterações complicadas provocadas no peixe morto, principalmente por enzimas e bactérias. As enzimas permanecem activas após a morte do peixe e resultam em autólise (Shahidi e Kamil, 2001) que afecta o sabor, a textura e, por vezes, a aparência do peixe. Quando o peixe morre, as bactérias presentes na superfície e nas vísceras multiplicam-se rapidamente e invadem a carne, que constitui um meio ideal para o seu crescimento e multiplicação (Gram e Dalgaard, 2002).

As bactérias podem decompor o próprio músculo e também se alimentam das unidades mais pequenas produzidas pela ação autolítica (Gram e Dalgaard, 2002). Algumas bactérias, tais como *Staphylococcus* sp., *Clostridium botulinum, Salmonella* spp. e *Shigella* sp. podem produzir toxinas no peixe estragado, o que constitui um grave perigo para a saúde. Embora o peixe possua moléculas bioactivas com atividade antimicrobiana como parte do seu sistema de defesa (Ravichandran *et al.,* 2010; Shanmugam *et al.,* 2008; Bragadeeswaran e Thangaraj, 2011), a presença de bactérias patogénicas não é invulgar nesta fonte de proteínas (Akinyemi e Buoro, 2011; Wefky e Ghobrial, 2008; Raja *et al.,* 2006).

A maior parte dos tipos de peixe são facilmente decompostos por microrganismos, a menos que se utilizem métodos especiais para a sua conservação. Os objectivos dos métodos de conservação de peixe são aumentar o prazo de validade dos alimentos e garantir a segurança para o consumo humano. Os vários métodos de conservação de alimentos incluem o uso de baixa temperatura, alta temperatura, secagem, dessecação ou desidratação, liofilização, salga, conservantes químicos, anaerobiose, atmosfera controlada, radiação, etc. A exposição dos microrganismos a baixas temperaturas reduz as suas taxas de crescimento e de reprodução. Este princípio é utilizado na refrigeração e na congelação. Os micróbios não morrem durante a refrigeração a 5°C. As baixas temperaturas também são utilizadas para retardar as reacções químicas e a ação das enzimas alimentares e para abrandar ou parar o crescimento e a atividade dos microrganismos no peixe. As baixas temperaturas retardam a ação enzimática, a ação química e o crescimento microbiano. Contudo, alguns são capazes de sobreviver, tais como, *Salmonella* spp. e Streptococci sobrevivem em condições de congelação (Archer, 2004; Beal *et al.,* 2001).

A congelação profunda a -20°C forma cristais mais pequenos. Reduz as actividades bioquímicas dos micróbios. Na maioria dos casos, o retardamento diferente da atividade das enzimas a baixa temperatura pode alterar a via metabólica e os produtos finais. Este método de conservação não mata os microrganismos, mas reduz o metabolismo microbiano que é responsável pela deterioração (Bakermans e Skidmore, 2011).

De acordo com Frazier e Westhoff (1988), o peixe é o animal mais suscetível à autólise, oxidação e hidrólise das gorduras e à deterioração microbiana. Acredita-se que a deterioração é causada principalmente pela atividade bacteriana, que provoca alterações muito perceptíveis na textura, sabor, odor e aspeto geral do produto. Por esta razão, estamos preocupados principalmente com a deterioração do peixe por microrganismos e enzimas microbianas. Huss *et al.* (2003) e Abraham (2011) relataram que os microrganismos presentes no peixe incluem aqueles que estão associados à matéria-prima e adquiridos durante a colheita, manuseamento e processamento.

## 2.1.RISCOS DE SEGURANÇA MICROBIOLÓGICA NA INDÚSTRIA DO PEIXE

Os alimentos são considerados microbiologicamente inseguros devido à presença de microrganismos que podem invadir o corpo humano (ou seja, *Salmonella, Escherichia coli, Listeria monocytogenes*, etc.) e também aqueles que produzem toxinas ingeridas com um alimento, tais como *Staphylococcus aureus*, *Clostridium botulinum* e *Bacillus cereus*. O crescimento destes agentes patogénicos pode não resultar necessariamente na deterioração dos alimentos. Assim, a ausência de alterações sensoriais deletérias não pode ser usada como um indicador da segurança microbiológica dos alimentos (Border e Norton, 1997). Consequentemente, muitos surtos são causados por bactérias originárias do reservatório humano, ou seja, *Salmonella, Shigella, Escherichia coli* e *Staphylococcus aureus* (Huss *et al.*, 1997).

De um modo geral, o peixe e o marisco são veículos comuns de transmissão de doenças de origem alimentar. Por outro lado, as bactérias patogénicas (bactérias indígenas) representam parte da flora natural, em particular dos peixes da costa e do ambiente estuarino. De acordo com Huss *et al.* (1997), as bactérias autóctones (patogénicas) incluem *Vibrio* spp., *Clostridium botulinum* (Tipo E), *Listeria monocytogenes, Aeromonas* sp. e *Shewanella alga*. No entanto, o nível de contaminação é normalmente bastante baixo e é improvável que os números que estão naturalmente presentes no marisco não cozinhado sejam suficientes para causar doenças num ser humano saudável. Por conseguinte, o peixe como alimento tem um registo de segurança muito melhor do que a carne de mamíferos.

Sabe-se que a principal fonte de cólera são as fezes de pessoas infectadas e a transmissão de bactérias através da água e dos alimentos. No entanto, atualmente também se descobriu que, em certas áreas, o ambiente aquático é um reservatório natural (habitat) para o *Vibrio cholerae*. Isto significa que o marisco pode ser contaminado mesmo que seja colhido em águas não poluídas (Popovic *et al.*, 1993; Huss *et al.*, 1997). *A Aeromonas* sp., patogénica tanto para os peixes como para os seres humanos, pode estar presente no ambiente aquático, nos peixes ou mesmo na água da torneira (potável) (Gibson, 1992). Os microbiologistas têm tomado em consideração o critério de que a presença de *Escherichia coli* nos alimentos indica a probabilidade de contaminação dos produtos alimentares com esgotos de origem humana ou animal. Consequentemente, tem sido referida como um indicador da presença de bactérias intestinais patogénicas. Por outro lado, certas estirpes de *Escherichia coli* (Enteropatogénica - EPEC; Enteroinvasiva - EIEC; Enterotoxigénica - ETEC e Entero-hemorrágica - EHEC) são patogénicas e provocam doenças humanas graves que podem ser transmitidas através da água e dos alimentos (Doyle, 1990).

Os coliformes fecais e *Escherichia coli* são particularmente úteis como indicadores de contaminação fecal e de manuseamento incorreto de marisco. Isto deve-se ao facto de os organismos estarem ausentes do peixe no momento da captura, exceto em águas grosseiramente poluídas. A contagem de placas aeróbias (APC) ou contagem total viável (TPC) é recomendada para todos os peixes e produtos de peixe devido à sua utilidade como indicador de utilidade, condição e duração do armazenamento de produtos antes de processos de preservação como a congelação. De acordo com o ICMSF, a maioria dos animais aquáticos no momento da colheita tem contagens na ordem dos $10^2$ - $10^5$ organismos por grama. Um aumento de APC/TVC para níveis $>10^6$ por grama é indicativo de armazenamento prolongado a temperaturas baixas ou de abuso de temperatura antes do processamento. A APC é, portanto, um indicador da qualidade e da eficácia dos procedimentos de manuseamento e das condições de armazenamento.

## 2.2.DETERIORAÇÃO DO PEIXE FRESCO

Foram realizados numerosos trabalhos sobre a deterioração dos produtos alimentares e ainda há necessidade de mais estudos sobre vários alimentos associados a interações complicadas que causam a deterioração. A deterioração dos alimentos significa privá-los da sua qualidade. Na sua totalidade, a deterioração dos alimentos é o resultado de processos metabólicos que tornam os alimentos indesejáveis para consumo humano (Adams e Moss, 2008; Doyle, 2007; Gram *et al.,* 2002). Por conseguinte, geralmente a deterioração é uma qualidade subjectiva, o que significa que os produtos podem ser aceites ou rejeitados por uma pessoa, enquanto o mesmo produto pode não ser aceite nem rejeitado por outra pessoa.

Apesar do papel importante dos microrganismos na deterioração dos alimentos, a decisão final de rejeitar o produto alimentar deteriorado em causa baseia-se na avaliação sensorial (Gram *et al.,* 2002; Connell, 1975; Reineccius, 1990). Isto deve-se ao facto de a deterioração microbiana estar normalmente associada a um início súbito, que se verifica em fases tardias da deterioração dos produtos, quando estes (crescimento microbiano) se encontram em fases logarítmicas ou em fases de crescimento exponencial. Por conseguinte, é mais fácil identificar os compostos químicos responsáveis por um determinado índice sensorial, como os odores desagradáveis, do que os organismos de deterioração responsáveis.

De acordo com Baird Parker (2000), as actuais perdas pós-colheita e/ou abate de alimentos a nível mundial devido a estimativas de deterioração microbiana são de cerca de 25% do total de alimentos produzidos. Trata-se de uma perda importante que pode ser reduzida se a ecologia de organismos de deterioração específicos for bem compreendida e controlada. No entanto, cada produto alimentar é constituído pela sua própria microflora de deterioração associada às matérias-primas, ou pós-contaminação, efeito dos parâmetros centrais de processamento e condições de armazenamento.

### 2.2.1. Deterioração microbiana do peixe fresco

Apesar de os músculos dos peixes frescos ou vivos serem estéreis, contêm uma elevada carga de bactérias no lodo da superfície da pele, nas guelras e no trato digestivo. As cargas bacterianas nas superfícies (pele) dos peixes capturados podem variar entre centenas e milhões por centímetro quadrado ($10^2$ - $10^7$ / $cm^2$ ) e nas brânquias e intestinos entre $10^3$ - $10^9$ / g (Adams e Moss, 2008; Shewan, 1962; ICMSF, 1980; Liston *et al.,* 1976). Estas bactérias incluem as Gram negativas dos géneros *Pseudomonas, Shewanella, Psychrobacter, Vibrio, Flavobacterium* e *Cytophaga* e algumas Gram positivas como os corineformes e os micrococos. Quando o peixe está morto, o sistema imunitário entra em colapso e as bactérias são capazes de se multiplicar. As bactérias presentes na superfície da pele colonizam, em grande medida, as bolsas de escamas e invadem a carne, movendo-se entre as fibras musculares durante o armazenamento. As bactérias de deterioração dominam e contaminam a carne/músculos através de partes danificadas da carne e causam a rápida deterioração do peixe.

Murray e Shewan (1979) referiram que apenas um número muito limitado de bactérias invade a carne durante o armazenamento em gelo. A taxa de deterioração é lenta a partir da pele/superfície do peixe inteiro, aumentando para o peixe eviscerado seguido de filetes e peixe picado (ICMSF, 1986).

As reacções microbiológicas de deterioração dos produtos do mar dependem da composição inicial ou da espécie de peixe, do ambiente original e das condições de armazenamento (Huss *et al.,* 1997; Gram *et al.,* 2002). A deterioração do peixe deve-se principalmente à atividade de bactérias psicrotróficas Gram negativas, como a *Shewanella putrefaciens* e *a Pseudomonas* sp. *A Shewanellaputrefaciens* foi identificada como a bactéria de deterioração específica do peixe marinho de água temperada armazenado aerobicamente em gelo. Algumas *Pseudomonas* sp. são as bactérias de deterioração específicas de peixes tropicais de água doce armazenados em gelo (Lima dos Santos, 1978; Gram *et al.,* 1990) e são também, juntamente com *Shewanellaputrefaciens,* bactérias de deterioração de peixes tropicais marinhos armazenados em gelo (Gillespie e MacRae, 1975; Gram *et al.,* 1990). À temperatura ambiente, as Aeromonads móveis são as principais responsáveis pela deterioração de peixes de água doce armazenados em condições aeróbicas (Gorzyka e Pek Poh Len, 1985; Gram *et al.,* 1990).

Barile *et al.* (1985) verificaram que uma grande proporção da flora da cavala armazenada à temperatura ambiente era constituída por *Shewanella putrefaciens*; isto indica que a bactéria pode também participar na deterioração do peixe armazenado à temperatura ambiente.

Os estudos efectuados por Gram e outros sobre a perca do Nilo armazenada à temperatura ambiente revelaram a seguinte composição de géneros e espécies. Os géneros Gram negativos *Aeromonas* sp., *Acinebacter* sp., *Alcaligenes* sp. e *Moraxeralla* sp. e os Gram positivos incluíam *Micrcoccus* e *Staphylococcus* sp. As contagens bacterianas quando a perca do Nilo estava estragada e foi rejeitada foram até ao nível de $10^8$ /g em placas de ágar ferro (IA). O ágar-ferro é utilizado para enumerar as bactérias de deterioração produtoras de sulfito de hidrogénio que formam colónias negras em contraste com as colónias brancas produzidas por outras espécies bacterianas. A situação foi a mesma no bacalhau estragado congelado.

Gram *et al.* (1990); Lima dos Santos (1978) e Cowel e Liston (1962) observaram que a "flora bacteriana dos peixes tropicais assemelha-se à microflora das espécies de peixes de clima temperado". No entanto, o peixe e os produtos de peixe deterioram-se através de diferentes organismos de deterioração específicos (SSO), dependendo do tratamento final ou da conservação e da temperatura de armazenamento. Exemplos de SSO em diferentes peixes e produtos da pesca incluem *Pseudomonas, Shewanella putrefaens, Photobactereum phosporeum, Aeromonas hydrophila* e *Alteromonas putrefaciens, Vibrio, Aeromodans, Moraxella, Acinetobacter,* Enterobacteriaceae, leveduras e bolores. As conclusões de alguns estudos efectuados em peixe e produtos à base de peixe sobre a SSO incluem o seguinte:-

- *Pseudomonas* e *Shewanella putrifaciens* são bactérias de deterioração específicas do peixe fresco congelado e dos produtos à base de peixe em condições de refrigeração (Gram e Huss, 1996; Taoukis *et al.,* 1999).

- *Pseudomonas* é um grupo de microrganismos grande e mal definido. O género pertence ao grupo dos aeróbios Gram-negativos, catalase e oxidase positivos. Muitas espécies têm uma natureza psicrófila e são consideradas como parte da flora natural dos peixes (Hovda, 2007). As espécies podem formar aldeídos, cetonas, ésteres e sulfuretos após a deterioração dos alimentos, causando odores descritos como frutados, podres e sulfidrilo (Lund *et al.,* 2000).

- *Shewanella* spp. e *Shewanella putrefaciens:* A bactéria *Shewanella* é um anaeróbio facultativo Gram-negativo, oxidase e catalase positiva da família Shewanellacea. *A Shewanella putrefaciens* é considerada uma bactéria de deterioração específica de peixes marinhos de águas temperadas, armazenados aerobicamente em gelo (Gram *et al.,* 1990; Gram e Huss, 1996).

- Hozbor *et al.* (2006) identificaram uma flora bacteriana em salmão marinho congelado que consistia em *Pseudomonas* sp., *Shewanella putrefaciens* e *Aeromonas*, que dominavam o rasto de deterioração, bem como *Moraxella* spp. São espécies de deterioração predominantes no peixe fresco refrigerado em condições aeróbias (Fonnesbech *et al.*, 2005; Hozbor *et al.,* 2006).

- *Aeromonas hydrophila,* uma bactéria Gram - negativa fermentativa, produz um sabor desagradável caraterístico no peixe armazenado em gelo.

- *Alteromonas putrefaciens (ex-Pseudomonas putrefaciens), um* organismo não fermentativo, produtor de H2S, foi detectado utilizando Peptone iron agar (PIA), (Levin, 1968) em peixe e produtos de peixe refrigerados.)

- As bactérias do ácido lático (LAB) e *o Photobacterium phosphoreum* crescem no peixe que é ligeiramente salgado, embalado em CO2 e armazenado no frigorífico. A conservação por vácuo e embalagem com CO2 tende a inibir os microrganismos respiratórios e seleciona o *Photobactrium phosphoreum* e as bactérias do ácido lático (Dalgaard, 2000).

- A conservação por ácidos orgânicos favorece o crescimento de bactérias do ácido lático e de leveduras (Lyhs *et al.,* 2004). As leveduras e os bolores crescem em peixe fortemente salgado a húmido e salgado a seco, respetivamente (Gram *et al.,* 1990).

### 2.2.2. Deterioração bioquímica do peixe fresco

O peixe é um alimento muito perecível e rico em proteínas que contém um elevado nível de aminoácidos. As aminas básicas voláteis totais (TVBA), um termo geral que inclui a trimetilamina, a dimetilamina, o amoníaco e outros compostos azotados básicos voláteis totais (TVB-N), são compostos associados à deterioração dos produtos do mar. Os níveis de TVB-N e TMAO são diferentes em cada espécie de peixe e mesmo em diferentes partes do peixe. As TVB-N são constituídas por amoníaco (NH3), monometilamina (MMA), dimetilamina (DMA) e trimetilamina (TMA). Os seus níveis podem alterar-se durante a atividade bacteriana e/ou a degradação enzimática do óxido de trimetilamina (TMAO) nos peixes.

Os peixes marinhos e alguns peixes de água doce contêm óxido de trimetilamina (TMAO) que é degradado pela maioria dos micróbios de deterioração em trimetilamina (TMA). As SSOs utilizam o TMAO disponível na respiração anaeróbia e produzem odores e sabores estranhos após a formação de TMA (Huss e Larsen, 1980; Gram *et al.,* 1990; Dalgaard *et al.,* 1993). Os aminoácidos que contêm enxofre, a cisteína e a metionina, decompõem-se, libertando odores e sabores estranhos; sulfuretos de hidrogénio e metilmercaptano; aldeídos, cetonas, ésteres, hipoxantina, bem como outros compostos de baixo peso molecular, que deterioram o peixe, Herbert e Shewan (1976); Ringo *et al.* (1974); Shewan (1962).

Karnicki e Lima dos Santos (1985) apresentaram estimativas de TVB-N em filetes de perca do Nilo armazenados durante dois dias à temperatura ambiente num saco hermeticamente fechado, com um valor inicial de 48,5 mg N/100g que aumentou para 60,2 mg N/100g. Os valores de ABVT para o bacalhau armazenado em gelo são 35 - 40 mg N/100 g (Ozogul, 2000) e níveis de 30 - 35 mg N/100 g (Connell, 1995; Huss, 1988), que foram considerados os limites de aceitabilidade para peixes de água fria armazenados em gelo. Por conseguinte, considera-se que valores de ABVT superiores a estes indicam a deterioração do peixe armazenado em gelo.

O amoníaco ($NH_3$ ) foi identificado como um componente volátil numa variedade de peixes em decomposição. É formado pela degradação bacteriana/desaminação de proteínas, péptidos e aminoácidos, bem como produzido pela decomposição autolítica do monofosfato de adenosina (AMP) em produtos do mar refrigerados. Verificou-se que o nível de amoníaco no bacalhau refrigerado não aumentou substancialmente até ao décimo sexto dia de armazenamento (LeBlanc, 1987).

Geralmente, não há produção de trimetilamina TMA durante a fase inicial de armazenamento de peixe fresco capturado. Nesta fase, as bactérias obtêm energia a partir de uma oxidação aeróbia. O crescimento das bactérias aeróbias resulta na formação de nichos anaeróbicos ou microaerófilos no peixe. Em fases posteriores, as SSO utilizam o TMAO como acetor de electrões, reduzindo o composto a TMA. O nível de TMA em peixes frescos rejeitados/estragados por avaliação sensorial situa-se num nível de 10-15 mg TMA-N/100g para peixes armazenados aerobicamente e no nível de 30 mg TMA-N/100g em bacalhau embalado sob vácuo (Dalgaard *et al.,* 1993).

As aminas biogénicas são estáveis ao processamento térmico e, se forem encontradas presentes em produtos enlatados acabados, é uma boa indicação de que a matéria-prima foi estragada antes do aquecimento. De acordo com Huss (1995), o músculo do peixe tem a capacidade de suportar a atividade bacteriana na produção de uma grande variedade de compostos de amina que resultam da descarboxilação direta de aminoácidos. A maioria das bactérias de deterioração que possuem atividade de descarboxilase fazem-no. Assim, os organismos podem causar o aumento do pH do meio de crescimento/substrato através da produção de aminas. As aminas incluem a histamina, a putrescina, a cadaverina e a tiramina, que são produzidas a partir da descarboxilação da histidina, da ornitina, da lisina e da tirosina, respetivamente. Durante a deterioração do peixe, os níveis de cada um dos intermediários catabólicos de nucleótidos aumentam e diminuem no tecido.

As enzimas estão envolvidas na decomposição autolítica do trifosfato de adenosina (ATP) em monofosfato de inosina (IMP). Por outro lado, as actividades das bactérias de deterioração convertem o IMP em inosina (Ino) e depois em hipoxantina (Hx). Além disso, foi demonstrado que a Hx se acumula lentamente nos tecidos estéreis dos peixes, paralelamente ao desenvolvimento da TMA. Tanto Jorgensen *et al.* (1988) como Dalgaard *et al.* (1993) mostraram uma correlação linear entre os teores de TMA e de hipoxantina durante a armazenagem refrigerada de bacalhau embalado.

De acordo com Cornell (1975), os produtos de oxidação primários são os hidroperóxidos lipídicos. Nas fases posteriores da oxidação, podem estar normalmente presentes produtos de oxidação secundários, indicativos de um historial de autoxidação. Estes produtos consistem em aldeídos, cetonas, ácidos gordos de cadeia curta e outros, muitos dos quais são caracterizados por odores e sabores desagradáveis associados a lípidos de peixe oxidados.

## 2.3.MECANISMOS DE DETERIORAÇÃO DOS PEIXES

A deterioração do peixe resulta de três mecanismos básicos: Autólise enzimática, oxidação e crescimento microbiano.

### 2.3.1. Deterioração enzimática autolítica

Pouco depois da captura, ocorrem alterações químicas e biológicas no peixe morto devido à decomposição enzimática das principais moléculas do peixe (FAO, 2005). Hansen *et al.* (1996) afirmaram que as enzimas autolíticas reduziam a qualidade da textura durante as primeiras fases de deterioração, mas não produziam os odores e sabores estranhos caraterísticos da deterioração. Isto indica que a degradação autolítica pode limitar o prazo de validade e a qualidade do produto, mesmo com níveis relativamente baixos de organismos de deterioração. A maior parte do impacto é na qualidade da textura, juntamente com a produção de hipoxantina e formaldeído. As enzimas digestivas causam uma autólise extensiva que resulta no amolecimento da carne, na rutura da parede do ventre e na drenagem da água do sangue que contém proteínas e óleo (FAO, 1986).

Após a captura, encontram-se várias enzimas proteolíticas no músculo e nas vísceras do peixe. Estas enzimas contribuem para a degradação post mortem do músculo do peixe e dos produtos de peixe durante a armazenagem e a transformação. Existe uma alteração sensorial ou associada ao produto que pode ser causada por enzimas proteolíticas (Engvang e Nielsen, 2001). Durante o armazenamento incorreto do peixe inteiro, a proteólise é responsável pela degradação das proteínas e é seguida por um processo de solubilização (Lin e Park, 1996). Por outro lado, podem ser produzidos péptidos e aminoácidos livres como resultado da autólise das proteínas do músculo do peixe, que conduzem à deterioração da carne de peixe como resultado do crescimento microbiano e da produção de aminas biogénicas (Fraser e Sumar, 1998).

Martinez e Gildberg (1988) relataram que a taxa de degradação por enzimas proteolíticas foi reduzida quando o peixe foi mantido a 0°C e a um pH de 5.

Aoki e Ueno (1998) referiram que a principal causa da degradação post mortem do tecido muscular da cavala se devia à atividade da catepsina L. A enzima foi libertada dos lisossomas durante o envelhecimento durante 7 dias a 0°C. A enzima isolada foi hidrolisada em miosina, troponina T, troponina I e tropomiosina. Esta ação hidrolítica da catepsina L da cavala era semelhante à da catepsina L do músculo branco do salmão chum, tal como referido por Yamashita e Konagaya (1990).

Yongsawatdigul *et al.* (2000) registaram a degradação proteolítica do surimi de tilápia tropical quando a temperatura foi aumentada para além dos 40 °C, com uma atividade máxima a 65 °C. Devido à inibição pelo inibidor de tripsina de soja e pela leupeptina, concluiu-se que a proteinase envolvida era uma serina proteinase.

### 2.3.2. Deterioração oxidativa

A oxidação lipídica é uma das principais causas de deterioração e deterioração das espécies de peixes pelágicos, como a cavala e o arenque, com um elevado teor de óleo/gordura armazenado na sua carne (Fraser e Sumar, 1998). A oxidação lipídica envolve um mecanismo de radicais livres em três fases: iniciação, propagação e terminação (Frankel, 1985; Khayat e Schwall, 1983). A iniciação envolve a formação de radicais livres de lípidos através de catalisadores como o calor, iões metálicos e irradiação. Estes radicais livres reagem com o oxigénio para formar radicais peroxilo.

Durante a propagação, os radicais peroxilo reagem com outras moléculas de lípidos para formar hidroperóxidos e um novo radical livre (Fraser e Sumar, 1998; Hultin, 1994).

A terminação ocorre quando uma acumulação destes radicais livres interage para formar produtos não radicais. A oxidação envolve normalmente a reação do oxigénio com as ligações duplas dos ácidos gordos. Por conseguinte, os lípidos de peixe que consistem em ácidos gordos polinsaturados são altamente susceptíveis à oxidação. O oxigénio molecular precisa de ser ativado para que a oxidação ocorra. Os metais de transição são os principais activadores do oxigénio molecular (Hultin, 1994).

Nos peixes, a oxidação dos lípidos pode ocorrer de forma enzimática ou não enzimática. A hidrólise enzimática das gorduras pelas lipases é designada por lipólise (deterioração das gorduras). Durante este processo, as lipases dividem os glicéridos, formando ácidos gordos livres que são responsáveis por (a) o sabor desagradável comum, frequentemente designado por rancidez e b) a redução da qualidade do azeite (Huis in't Veld, 1996; FAO, 1986). As enzimas lipolíticas podem ser endógenas do produto alimentar (como o leite) ou derivadas de microrganismos psicrotróficos (Huis in't Veld, 1996). As enzimas envolvidas são as lipases presentes na pele, no sangue e nos tecidos. As principais enzimas na hidrólise lipídica dos peixes são a triacil lipase, a fosfolipase A2 e a fosfolipase B (Audley *et al,* 1978; Yorkowski e Brockerhoft, 1965).

A oxidação não enzimática é causada pela catálise dos compostos de hematina (hemoglobina, mioglobina e citocromo), produzindo hidroperóxidos (Fraser e Sumar, 1998). Os ácidos gordos formados durante a hidrólise dos lípidos de peixe interagem com as proteínas sarcoplasmáticas e miofibrilares, causando desnaturação (Anderson e Ravesi, 1969; King *et al.*, 1962). Undeland *et al.* (2005) relataram que a oxidação lipídica pode ocorrer no músculo do peixe devido à hemoglobina (Hb) altamente pró-oxidante, especificamente se estiver desoxigenada e/ou oxidada. Verificaram que a adição de ácidos, que baixam o pH, pode acelerar a oxidação lipídica através da Hb desoxigenada.

### 2.3.3. Deterioração microbiana

A composição da microflora do peixe recém-capturado depende do conteúdo microbiano da água em que o peixe vive. A microflora do peixe inclui espécies bacterianas como *Pseudomonas*, *Alcaligenes*, *Vibrio*, *Serratia* e *Micrococcus* (Gram e Huss, 2000). O crescimento e o metabolismo microbianos são uma das principais causas de deterioração do peixe, produzindo aminas, aminas biogénicas como a putrescina, a histamina e a cadaverina, ácidos orgânicos, sulfuretos, álcoois, aldeídos e cetonas com sabores desagradáveis e inaceitáveis (Dalgaard *et al*, 2006; Emborg *et al.*, 2005; Gram e Dalgaard, 2002). No caso do peixe não conservado, a deterioração resulta de bactérias Gram negativas e fermentativas (como as Vibrionaceae), enquanto as bactérias Gram negativas psicrotolerantes (como as *Pseudomonas* spp. e *Shewanella* spp.) tendem a deteriorar o peixe refrigerado (Gram e Huss, 2000). É, por conseguinte, importante distinguir a microflora não deteriorante das bactérias deteriorantes, uma vez que muitas das bactérias presentes não contribuem efetivamente para a deterioração (Huss, 1995).

Os níveis de trimetilamina (TMA) são utilizados universalmente para determinar a deterioração microbiana que conduz à deterioração do peixe. Os peixes utilizam o óxido de trimetilamina (TMAO) como osmorregulador para evitar a desidratação em ambientes marinhos e o encharcamento dos tecidos em água doce. Bactérias como a *Shewanella putrifaciens*, *Aeromonas* spp., Enterobacteriacceae, *Pseudomonas phosphoreum* e *Vibrio* spp. podem obter energia reduzindo o TMAO a TMA, o que dá origem a sabores desagradáveis de amoníaco (Gram e Dalgaard, 2002). *Pseudomonas putrifaciens*, *Pseudomonas fluorescente* e outras bactérias de deterioração aumentam rapidamente durante as fases iniciais de deterioração, produzindo muitas enzimas proteolíticas e hidrolíticas (Shewan, 1961).

Liston (1980) afirmou que as proteínas são degradadas pelas proteases em péptidos e aminoácidos, enquanto os lípidos são degradados pelas lipases em ácidos gordos, gliceróis e outros compostos. A deterioração do peixe divide-se em quatro fases, que começam com a deterioração autolítica causada por enzimas e que é responsável pelas duas primeiras fases de deterioração. As outras duas fases de deterioração resultam de micróbios, principalmente bactérias, que acabam por deteriorar o peixe de tal forma que este não pode ser comestível (Abbas *et al.*, 2009).

Olafsdottir *et al.* (2006) relataram a proliferação de organismos de deterioração específicos em filetes de arinca armazenados a 0, 7 e 15°C e descobriram que *a Photobacterium phosphoreum* era predominante entre as bactérias de deterioração. *A Pseudomonas* spp. pareceu ser responsável pelos odores doces e frutados de deterioração, enquanto *a Shewanella putrefaciens* foi responsável pela produção de $H_2$ S. Nuin *et al.* (2008) registaram o crescimento de bactérias de deterioração no pregado cultivado a temperaturas de 0 e 15°C.

## 2.4.RAZÕES PARA A DETERIORAÇÃO DO PEIXE

É muito importante manter a boa qualidade da matéria-prima do peixe para transformação. Por conseguinte, é necessário determinar, cuidadosamente, as razões da deterioração da qualidade que conduzem à deterioração. Logo após a morte, o peixe pode estar mole durante algumas horas, mas depois torna-se rígido. Este fenómeno é designado por "rigor mortis". O peixe permanece no estado de "rigor mortis" durante algum tempo, mas depois os músculos da sua carne tornam-se novamente relaxados. Nessa altura, a qualidade do peixe começa a diminuir. As alterações de qualidade podem ser facilmente notadas e consistem em alterações de cor, odor ou cheiro, sabor, aspeto e textura e são, por conseguinte, designadas por alterações sensoriais. Uma das diferenças entre o aspeto do peixe antes e depois do rigor mortis é o facto de o músculo do peixe ser mais elástico antes do rigor mortis. O tempo de pré-rigor mortis e rigor mortis varia consoante a espécie. Também depende de muitas coisas como a temperatura, o manuseamento, o tamanho e a condição física do peixe. Geralmente, é preferível prolongar o tempo antes e durante o rigor mortis.

Existem algumas razões para a deterioração da qualidade e a deterioração; são elas a autólise, a deterioração bacteriana, o ranço e os danos mecânicos (Huss, 1994). A redução da temperatura através da aplicação de gelo não só abranda o processo de rigor mortis, como também reduz a taxa de deterioração. Por conseguinte, é muito importante manter uma temperatura baixa durante o processo de manuseamento e conservação.

### 2.4.1. Autólise

O processo de autólise está relacionado com as actividades enzimáticas do peixe (autólise significa autodigestão). Geralmente, a deterioração devida à autólise ocorre em primeiro lugar e é seguida pela deterioração devida a bactérias e à rancidez, mas, por vezes, sobrepõem-se (Gram e Huss, 1996). Ao contrário da maioria dos peixes, a autólise ocorre muito rapidamente nalguns crustáceos, como a lagosta e o camarão (Hobbs, 1982). Quando o peixe morre, a adenosina-trifosfato (ATP), que é o composto orgânico rico em energia no seu músculo, é sintetizada principalmente a partir do glicogénio, mas também a partir da creatina-fosfato (nos peixes) e da arginina-fosfato (nos cefalópodes), em condições anaeróbias. A glicólise (processo de redução do glicogénio) ainda ocorre continuamente para criar o produto final ácido lático. Como o produto final deste processo é o ácido lático, o pH do músculo diminui. A concentração de ATP diminui gradualmente e, quando desce abaixo de 1 mmol/g no tecido muscular, a enzima ATP-ase é activada. Isto leva à rigidez do músculo que será constante (rigor mortis).

O ATP é gradualmente degradado ao longo do tempo em alguns produtos de degradação, por exemplo, adenosina difosfato, adenosina monofosfato, inosina monofosfato, inosina e hipoxantina. Considera-se que a hipoxantina é a causa do sabor desagradável do peixe estragado. Quando a matéria-prima do peixe é manuseada de forma descuidada, as células podem ser quebradas, o que leva à libertação de enzimas autolíticas e à produção de algumas substâncias de deterioração. Estas substâncias criam um ambiente muito bom para os microrganismos. A catepsina, a quimotripsina, a tripsina, a cacboxipeptidase, a calpaína, a colagenase e a TMAO-desmetilase são todas enzimas autolíticas. Por conseguinte, a fim de manter a qualidade do peixe, as actividades enzimáticas devem ser evitadas. A utilização de baixas temperaturas é a medida mais frequentemente utilizada para limitar as actividades enzimáticas (Huss, 1994).

As bactérias são capazes de provocar a deterioração devido a duas caraterísticas importantes. Em primeiro lugar, são psicotrópicas e, por conseguinte, multiplicam-se a temperaturas de refrigeração. Em segundo lugar, ligam-se a várias substâncias no tecido do peixe para produzir compostos associados a sabores e odores desagradáveis. Quando o peixe está vivo, as bactérias encontram-se nas brânquias, na pele e nos intestinos, mas não podem atacar o músculo do peixe. Porém, quando o peixe morre, as bactérias podem penetrar no músculo da carne do peixe. Quando o peixe é conservado por congelação, a taxa de penetração das bactérias no músculo da carne é muito mais lenta. A deterioração do peixe ocorre quando a enzima das bactérias se difunde para o músculo da carne e as substâncias nutritivas do músculo da carne se difundem para o exterior. A deterioração ocorre mais rapidamente nas espécies de peixe com uma camada fina de pele. O número de bactérias no peixe capturado em águas temperadas pode desenvolver-se mesmo quando se encontra no gelo, mas as bactérias capturadas em águas tropicais crescem lentamente durante uma ou duas semanas na conservação do gelo (Gram e Huss, 1996).

Nem todas as bactérias em crescimento estão envolvidas no processo de deterioração. Há apenas algumas espécies de bactérias que se tornam predominantes e são principalmente responsáveis pela deterioração. Por exemplo, no bacalhau eviscerado, arrefecido por gelo, o organismo de deterioração específico (SSO) é *Shewanella putrifaciens* e no lombo de bacalhau embalado é *Photobacterium phosphoreum* (Connell, 1995). Se o peixe for conservado em gelo ou na ausência de ar, a quantidade de bactérias *Pseudomonas* e *Shewanella putrifaciens* não é muito elevada, mas a bactéria *Photobacterium phosphoreum* torna-se bastante elevada. Após um certo tempo no gelo em condições aeróbicas, as *bactérias Pseudomonas* e *Shewanella putrifaciens* tornar-se-ão as bactérias predominantes. Em geral, a baixas temperaturas (0 - 5°C), *Shewanella putrefaciens, Aeromonas* spp., *Photobacterium phosphoreum* e *Pseudomonas* spp. causam deterioração, mas a temperaturas mais elevadas (15 - 30°C) outras espécies como *Vibrio,* Enterobacteriaceae e as bactérias Gram positivas causam deterioração (Gram e Huss, 1996). As bactérias produzem uma grande quantidade de compostos voláteis. Estes são trimetilamina, compostos voláteis de enxofre, aldeídos, cetonas, ésteres, hipoxantina, bem como outros compostos de baixo peso molecular. As bactérias *Shewanella putrefaciens* e algumas *Vibrio* produzem H2S, mas *Pseudomonas* e *Photobacterium phosphoreum* não produzem quantidades significativas de $H_2$ S.

Os compostos voláteis de enxofre têm um odor muito desagradável, pelo que se considera que mesmo quantidades mínimas afectam a qualidade. A baixa temperatura é muito importante na preservação da matéria-prima. Especialmente no intervalo de 0 - 25°C, a temperatura afecta fortemente a atividade das bactérias. A 0°C as bactérias crescem muito lentamente. As bactérias de deterioração típicas, como *a Shewanella putrefaciens*, desenvolvem-se 10 vezes menos em comparação com o crescimento à temperatura óptima. Assim, o aumento da temperatura de conservação aumenta rapidamente a taxa de deterioração. Por conseguinte, é importante baixar a temperatura para 0°C, o mais rapidamente possível, depois da captura. No caso de peixes nas águas tropicais, onde a temperatura ambiente é de cerca de 25 - 30°C, a taxa de deterioração pode ser 25 vezes mais alta do que quando se mantém a 0°C (Huss, 1994).

### 2.4.2. Rancidez

A oxidação da gordura ocorre geralmente após a autólise e a deterioração bacteriana. A concentração de lípidos no peixe pode contribuir para o processo de deterioração do peixe. As gorduras do peixe são principalmente ácidos gordos insaturados que são facilmente oxidados pelo oxigénio da atmosfera. A temperatura elevada ou a exposição à luz podem aumentar a taxa de oxidação. No caso do peixe gordo conservado em gelo, a deterioração devida à rancidez é causada, principalmente, pela oxidação. Esta produz um odor mau e desagradável, bem como um sabor rançoso (Hobbs, 1982). As espécies de peixe gordo, como o arenque, a cavala e o salmão, são as mais afectadas pela rancidez. O teor de gordura do peixe magro é de cerca de 0,1 - 0,9% e o teor de gordura do peixe gordo é superior a 0,9% (Love, 1982).

### 2.4.3. Danos mecânicos

Se o peixe for quebrado por um manuseamento brusco, ficará sujeito a danos mecânicos ou físicos e ficará com uma aparência exterior contundente e defeituosa. Contudo, é mais importante que algumas células pequenas se partam, deixando as enzimas livres para reagir com outras substâncias. Os danos mecânicos proporcionam boas condições para algumas actividades enzimáticas. O peixe mantido em camadas espessas numa caixa com gelo pode causar uma pressão elevada entre o gelo e o peixe, provocando a rutura das células. Qualquer manuseamento descuidado da matéria-prima de peixe pode resultar em peixe magoado. Isto também abre canais para os microrganismos entrarem na carne do peixe e permite uma deterioração mais rápida do peixe (Huss, 1995). Em geral, a fim de manter a qualidade da matéria-prima de peixe após a captura, são necessárias algumas medidas de manuseamento e conservação para evitar todos os processos de alteração da qualidade acima mencionados.

## 2.5.FACTORES QUE CONTRIBUEM PARA A DETERIORAÇÃO DO PEIXE

Os factores que contribuem para a deterioração dos alimentos (peixe) incluem infestações de insectos e roedores, parasitas; e actividades de bactérias, leveduras e bolores nos alimentos que podem tornar os alimentos indesejáveis. A exposição dos produtos alimentares à luz pode causar a degradação de proteínas e gorduras, produzindo sabores e odores estranhos (Doyle, 2007; Gram *et al,* 2002).

De acordo com Huss (1995), o armazenamento ou a vida de prateleira de peixe e produtos de peixe podem ser influenciados por espécies de peixe, pesqueiros, estação de pesca, pH e manuseamento higiénico. As espécies de peixe grandes, magras, de pele espessa, de pH elevado e planas conservam-se mais tempo do que as espécies de peixe pequenas, gordas, de pele fina, de pH baixo e redondas. A contusão/danificação do peixe durante o manuseamento provoca uma deterioração rápida. A grande variedade de microflora no peixe reflecte-se nos seus habitats ambientais, tais como águas doces e salgadas, águas tropicais e árcticas, pesca pelágica e de fundo, grau de poluição das águas e grau de transformação ou conservação, como a aplicação de gelo, congelação, enlatamento e embalagem em atmosfera/vácuo (Gram *et al.,* 1990). Assim, a microflora que cresce nos produtos da pesca é determinada por factores intrínsecos e extrínsecos, como o pH post mortem > 6,0, a quantidade de não-proteína-nitrogénio (NPN) / ou a presença de TMAO.

Os parâmetros que podem ser responsáveis pela deterioração microbiana nos alimentos podem ser categorizados em quatro grupos (Adams e Moss, 2008). Parâmetros extrínsecos, parâmetros intrínsecos, parâmetros de processamento central e parâmetros de implicação. Os parâmetros intrínsecos incluem as propriedades físicas, químicas e estruturais do próprio alimento, tais como a atividade da água, o pH, o potencial redox (Eh), os nutrientes disponíveis e as substâncias antimicrobianas naturais. Os parâmetros extrínsecos ou factores ambientais incluem o tempo de armazenamento, a temperatura, a humidade e a composição da atmosfera de armazenamento. Os modos de transformação e os tratamentos de conservação podem alterar as caraterísticas do produto alimentar e os microrganismos associados ao produto. Parâmetros implícitos ou factores mútuos influenciam antagonicamente ou em associação o crescimento microbiano. O crescimento de uma subpopulação bacteriana pode afetar outras subpopulações num produto alimentar.

### 2.5.1. Temperatura

A temperatura é o principal fator ambiental que afecta o crescimento e a viabilidade dos microrganismos. Apesar disso, a gama de temperaturas que permite o crescimento de organismos específicos raramente excede os 35°C, o crescimento microbiano pode ocorrer a temperaturas de cerca de -8°C a +90°C (Adams e Moss, 2008). A taxa de crescimento microbiano torna-se estável no seu crescimento ótimo de cerca de 20 a 30°C para os psicrotróficos e de 35 a 45°C para os mesófilos, (ICMSF, 1980). Consequentemente, a inibição do seu crescimento ocorre a temperaturas apenas ligeiramente acima do crescimento ótimo máximo. No entanto, existem quatro grupos fisiológicos de bactérias que são definidos e distinguidos pelas suas gamas de temperatura de crescimento em termófilos, mesófilos, psicrófilos e psicrotróficos.

### 2.5.2. Efeito do armazenamento à temperatura ambiente e de refrigeração (0 - 25°C)

A temperatura de armazenamento dos produtos frescos de pesca/marisco a nível mundial situa-se entre 0 - 25°C (Huss, 1995). Nesta gama de temperaturas, as actividades microbiológicas são importantes na vida útil e na deterioração do peixe fresco armazenado em condições de refrigeração em gelo derretido próximo de 0°C e à temperatura ambiente; países quentes/tropicais entre 10 - 30°C. No entanto, a temperaturas inferiores a 10°C as bactérias mesófilas não crescem e os organismos psicrotróficos crescem a taxas muito lentas com fases de atraso prolongadas quando a temperatura se aproxima dos 0°C.

As bactérias psicrotróficas Gram negativas em forma de bastonete pertencentes aos géneros *Pseudomonas, Moraxella, Acinetobater, Shwewanella, Flavobacterium, Vibrio, Aeromonas* e *Micrococcus* dominam a microflora nas águas temperadas. Por outro lado, as bactérias Gram positivas como *Bacillus*, *Micrococcus*, *Clostridium*, *Lactobacillus* e *Corynebacterium* dominam em proporções variáveis nas águas de temperatura mais elevada (Liston, 1992; Hozbor, 2006; Gram *et al.,* 1990). A microflora dos peixes de água doce é dominada por *Aeromonas* spp. A microflora constituída por *Pseudomonas*, *Acinetobacter*, *Moraxella* e *Vibrio* foi registada em peixes recém-capturados em estudos realizados em águas marinhas tropicais da Índia (Surendran *et al.,* 1989; Huss, 1995). Os resultados de estudos sugerem que os peixes de água doce têm uma carga de microflora semelhante à dos peixes de água temperada, com um número ligeiramente superior de bactérias Gram positivas e entéricas (Liston, 1980; Gram *et al,* 1990).

A 0°C, a taxa de crescimento dos microrganismos é inferior a um décimo da taxa das taxas de crescimento óptimas. A taxa relativa de deterioração de espécies de peixes tropicais armazenadas a 20 - 30°C é aproximadamente 25 vezes mais elevada do que a

0°C (Gibson e Ogden, 1987; Dalgaard e Huss, 1994). A 0 -5°C *Shewanella putrefaciens, Photobacterium phosphoreum, Aeromonas* spp. e *Pseudomonas* spp. são a microflora de deterioração dominante em peixe armazenado em gelo. Quando o peixe é armazenado em gelo, a flora duplica lentamente num dia (24 horas) e, após 2 - 3 semanas, atinge números de $10^8$ - $10^9$ cfu/cm$^2$ /g. Os peixes de águas tropicais passam a sua fase de atraso após 1 - 2 semanas quando armazenados em gelo, (Gram *et al.*, 1990). Por outro lado, a 15 - 30°C *Vibrio* spp. e Enterobacteriaceae são a microflora de deterioração dominante no peixe, (Gram *et al.*, 1987; Gram *et al.*, 2002; Liston, 1992). A estas temperaturas ambientes, a microflora pode crescer até contagens de $10^7$ - $10^8$ cfu/cm$^2$ /g dentro de um dia (24 horas).

### 2.5.3. Efeito do armazenamento à temperatura de super refrigeração de 0°C a -40C

O prolongamento do prazo de validade dos filetes de peixe refrigerados é muito procurado devido ao transporte de produtos frescos para mercados distantes a custos mais baixos (Olafsdottir *et al.*, 2005). A super refrigeração provou ser eficaz no prolongamento da fase lag do crescimento bacteriano e no prolongamento da vida útil do peixe e dos produtos de peixe refrigerados (Huss, 1995; Chang *et al.*, 1998).

A super refrigeração/congelação parcial a 0°C a -4°C tem sido utilizada em produtos do mar quando o armazenamento em gelo é insuficiente para garantir uma boa qualidade e prolongar o seu prazo de validade. Atualmente, a super refrigeração de produtos de peixe fresco refrigerado é aplicada por alguns estabelecimentos de peixe. Os filetes/produtos de peixe são rapidamente arrefecidos para valores abaixo de 0 a - 2°C, utilizando congeladores de explosão, de placa ou de túnel. Foram utilizados vários tipos de sistemas de refrigeração para a super refrigeração (entre -4 e 0°C) de produtos do mar. Exemplos de sistemas de arrefecimento incluem água do mar gelada e refrigerada (Smith *et al.*, 1980; Olafsdottir *et al.*, 2005), soluções de gelo líquido e salmoura (Huidobro *et al.*, 2002), gelo em flocos ou gelo em pasta (Zeng *et al.*, 2005), temperatura de armazenamento abaixo de zero; -2°C e -3°C, (Riaz-Fatima *et al.*, 1988; Sivertsvik *et al.*, 2003) e a utilização de agentes de arrefecimento como $CO_2$ , e neve

(LeBlanc e LeBlanc, 1992; Jeyasekaran *et al.*, 2004).

## 2.6.AVALIAÇÃO MICROBIOLÓGICA DA QUALIDADE DOS FRUTOS FRESCOS

A análise microbiológica é o método tradicional mais utilizado para determinar a quantidade de células microbianas em determinados alimentos, designada por contagem total. Os métodos tradicionais para exames bacteriológicos podem ser laboriosos, demorados e dispendiosos, quando comparados com os métodos sensoriais e químicos que demoram apenas algumas horas (Huss, 1995). Os ágares de contagem em placas (PCA) tradicionais comuns continuam a ser os substratos amplamente utilizados para a determinação das contagens totais. A contagem total representa o número total de bactérias que são capazes de formar colónias visíveis num meio de cultura a uma determinada temperatura.

Ao examinar as bactérias presentes nos alimentos de origem marinha, os ágares mais ricos em nutrientes (ágar-ferro, Lyngby e Oxoid) fornecem contagens significativamente mais elevadas do que o PCA (Gram, 1990). O ágar-ferro produz tanto o número de bactérias deteriorantes específicas (produtoras de sulfureto de hidrogénio) como de bactérias não deteriorantes. A temperatura de incubação determina as contagens totais. A incubação a >30 °C parece ser inadequada quando se examinam produtos do mar que são mantidos a temperaturas frias. Recomenda-se o plaqueamento durante 3-4 dias e a incubação a 25°C para os psicrotróficos, através do plaqueamento de superfície e da incubação a 15°C para evitar matar bactérias sensíveis ao calor (Huss, 1995). Existem placas prontas para um manuseamento fácil, tais como "Redigel"/"Petrifilm(tm) SM", (Fung *et al.*, 1987).

### 2.6.1. Contagem microscópica direta

O exame microscópico dos alimentos é uma forma rápida de estimar os níveis bacterianos. Através da microscopia de contraste de fase, o nível de bactérias numa amostra pode ser determinado dentro de uma unidade logarítmica. Uma célula por campo de visão equivale a aproximadamente 5 - 105 ufc/ml com uma ampliação de 1000 X. Embora os métodos microscópicos sejam muito rápidos, a sua baixa sensibilidade é considerada como o seu maior inconveniente. Com a medição do ATP e o teste do lisado de Limulus, o número de bactérias nos alimentos é estimado através da medição da quantidade de adenosina trifosfato (ATP) bacteriano (Sharpe *et al.*, 1970) ou através da medição da quantidade de endotoxina (bactérias Gram-negativas) pelo teste do lisado de amebócitos de Limulus (LAL) (Gram, 1992). O primeiro é muito rápido, mas existem dificuldades em separar o ATP bacteriano do somático.

### 2.6.2. Microcalorimetria, redução de corantes, métodos de condutância e de capacitância

Os métodos de microcalorimetria, redução de corantes, condutância e capacitância são utilizados para a estimativa rápida do número de bactérias, com base na amostra retirada, incubação a alta temperatura (20 - 25°C) e deteção de um sinal. O tempo de deteção (TD) está inversamente relacionado com o número inicial de bactérias, ou seja, uma reação precoce indica uma contagem elevada de bactérias na amostra e é inversamente proporcional à contagem de bactérias obtida nos métodos de ágar.

## 2.7. TÉCNICAS DE CONSERVAÇÃO DO PEIXE

Diferentes tipos de métodos de conservação, tais como a secagem, a fumagem, a congelação, a refrigeração, a salmoura, a fermentação e o enlatamento, são utilizados para prolongar a vida útil dos produtos do mar e dos produtos à base de carne. No entanto, o armazenamento a baixa temperatura e as técnicas químicas para controlar a atividade da água, a deterioração enzimática, oxidativa e microbiana são os mais comuns na indústria atual (Akinola *et al.*, 2006; Berkel *et al.*, 2004).

### 2.7.1. Armazenamento a baixa temperatura

[th]Desde meados do século XIX, o método de armazenamento a baixa temperatura tem sido utilizado para a conservação de uma grande variedade de mariscos, o que retarda o crescimento de microrganismos. Este método de conservação não mata os microrganismos mas reduz o metabolismo microbiano que é responsável pela deterioração (Ashie *et al.*, 1996).

Johnston *et al.* (1994) afirmaram que a congelação e o armazenamento a frio são métodos eficientes de conservação de peixe, mas não melhoram a qualidade do produto. É necessário conservar o peixe a 0°C após a captura, uma vez que a sua deterioração é muito rápida (FAO, 1973). Berkel *et al.* (2004) referiram duas possibilidades para armazenar peixe fresco a baixas temperaturas: (a) arrefecimento de -1° a +4°C, que inibe o crescimento de microrganismos e (b) congelação de -18 a -30°C, que impede completamente o crescimento de bactérias. Contudo, tanto as alterações enzimáticas como as não enzimáticas continuam, mas a um ritmo muito mais lento.

Recomenda-se a utilização de gelo ou de outros métodos de refrigeração para manter o peixe sempre numa condição fresca antes da congelação (Johnston *et al.,* 1994). As funções do gelo incluem: (a) manter uma temperatura baixa uniforme, (b) reduzir a autólise e a degradação bacteriana e (c) proporcionar um efeito de lavagem/limpeza suave durante a fusão (Rand e Pivarnik, 1992). A fim de obter uma temperatura abaixo do ponto de congelação da água pura, o gelo é produzido a partir de água salgada para atingir uma temperatura de arrefecimento próxima de -2,5 °C. No entanto, uma possível redução do sabor devido à perda de aminoácidos livres pode ser um problema (Borgstrom, 1968). A operação de congelação para conservação não pode garantir a prevenção de perdas de aminoácidos. No entanto, impede seguramente as reacções físicas e bioquímicas responsáveis pela deterioração dos alimentos (George, 1993). A sobrevivência dos microrganismos de deterioração durante o armazenamento depende dos tipos de microrganismos e das espécies de peixe, da história do peixe, dos métodos de captura e dos processos de manuseamento e armazenamento a bordo do navio de pesca (Ashie *et al.,* 1996).

O peixe contém cerca de 60 a 80% de água em peso, dependendo da espécie. O processo de congelação converte a maior parte da água em gelo (Johnston *et al.,* 1994). Embora o ponto de congelação do peixe seja de -1 a -2°C, a uma temperatura de -25°C apenas 90-95% da água congela. Isto não inclui a água ligada, que está quimicamente ligada a locais específicos, tais como os grupos carbonilo e amino das proteínas e as ligações de hidrogénio (Garthwaite, 1997). Johnston *et al.* (1994) relataram a variação da proporção de água (que é convertida em gelo) no tecido muscular dos peixes em função da temperatura. No entanto, a temperaturas tão baixas como -30°C, uma proporção da água no músculo do peixe ainda permanece no estado não congelado. A qualidade final depende da qualidade do peixe no momento da congelação, bem como de outros factores, incluindo: temperatura de congelação/armazenamento a frio, taxa de congelação e distribuição (Johnston *et al.*, 1994).

O fator mais crucial que afecta a qualidade do peixe congelado é a taxa de congelação (lenta e rápida). A congelação rápida produz peixe congelado de melhor qualidade do que a congelação lenta, uma vez que a congelação lenta resulta na formação de grandes cristais de gelo, em comparação com a congelação rápida, que danificam as paredes das células e causam a desnaturação das proteínas. Por outro lado, a desnaturação também depende da concentração de enzimas e outros compostos presentes (Rahman, 1999; Garthwaite, 1997; Johnston *et al.*, 1994). A alteração das proteínas resulta numa textura opaca e sem brilho e o tecido torna-se mole e esponjoso, o que afecta gravemente a qualidade do produto da pesca (Graham, 1982).

As reacções enzimáticas podem ainda continuar em peixes congelados a uma temperatura de - 30°C (Cassens, 1994; Graham, 1982), que envolvem um número de outros metabolitos: Glicólise, degradação de nucleótidos e proteólise (Jones, 1963). Estas actividades enzimáticas endógenas provocam alterações químicas e físicas intrínsecas. Embora as actividades enzimáticas sejam lentas, podem ainda assim apoiar o crescimento e o metabolismo microbianos (Simpson, 1997).

A deterioração microbiana é impedida a uma temperatura de armazenamento recomendada de -9 a - 12°C. Contudo, as enzimas presentes no peixe continuarão a desempenhar um papel importante na deterioração. Cerca de 10-60% da população microbiana viável morre durante a congelação, mas a população restante aumenta gradualmente durante o armazenamento congelado (Rahman, 1999).

Morlier *et al.* (1989) relataram que *Anasakis simplex,* um nemátodo que se encontra em certos peixes, pode ser morto por congelamento a -20°C e mantido durante pelo menos 24 horas. Raj e Liston (1961) relataram que apenas uma redução de 1 $\log_{10}$ no número de *Salmonella typhimurium* quando o peixe foi congelado a -22°C e armazenado a -17,9°C durante mais de 1 ano.

Arannilewa *et al.* (2005) investigaram o efeito da duração do armazenamento por congelação no perfil químico, microbiológico e sensorial do peixe tilápia *(Sarotherodun galiaenus)*. Registaram reduções nos valores de proteína e gordura de 27,9 e 25,92%, respetivamente. A contagem total de coliformes aumentou de 3,0'103-7,5'106 durante o armazenamento.

Miladi *et al.* (2008) verificaram que a congelação de *Listeria monocytogenes* em salmão não diminui a sobrevivência potencial de agentes patogénicos de origem alimentar durante um período de dez meses a uma temperatura de congelação de -20°C. Durante a armazenagem a frio, a decomposição do óxido de timetalamina (TMAO) no peixe e no marisco resulta na formação de trimetilamina e dimetialamina, que são responsáveis pelo sabor desagradável (Hui, 2006) e o formaldeído reage com as proteínas e é responsável pela diminuição da sua solubilidade em soluções salinas e tampão (Rahman, 1999).

### 2.7.2. Controlo da atividade da água

Embora a congelação seja a melhor forma de inibir o crescimento microbiano (exceto psicrotróficos e esporos) e de abrandar as mudanças químicas, preservando, assim, o peixe durante muito tempo, é uma operação que consome muita energia e só pode ser usada como um método temporário de preservação. A maior parte das psicrotrincas e esporos sobrevivem durante a congelação e crescem durante a descongelação. Além disso, a congelação não impede a deterioração oxidativa, uma vez que a deterioração enzimática continua a um ritmo mais lento (Neumeyer *et al.,* 1997).

A deterioração do peixe pode ser evitada através do controlo da atividade da água. Para o crescimento de cada microrganismo, a atividade da água é mínima, óptima e máxima, tal como o pH e a temperatura. Por conseguinte, a redução da atividade da água ($a_w$) pode minimizar a putrefação e melhorar a conservação do peixe (Abbas *et al.,* 2009). O termo atividade da água (aw) refere-se à água que não está ligada a moléculas de alimentos e pode suportar o crescimento de bactérias, leveduras e bolores (fungos). A atividade da água (aw) representa a relação entre a pressão de vapor de água do alimento e a pressão de vapor de água pura nas mesmas condições e é expressa como uma fração (CSIRO, 2005). O controlo da atividade da água nos peixes é conseguido através da secagem, da adição de produtos químicos ou de uma combinação de ambos os métodos. Os açúcares e o cloreto de sódio têm sido utilizados para ligar as moléculas de água livre e criar um desequilíbrio osmótico que resulta na inibição do crescimento celular (Ray, 2004).

Sperber (1983) referiu que o valor mínimo de um$_w$ necessário para o crescimento bacteriano variava entre 0,99 para organismos do tipo *Moraxella/Acinetobacter* e 0,86 para *Staphylococcus aureus*. Desde então, a tecnologia dos obstáculos surgiu com base na aplicação de factores de conservação combinados (chamados obstáculos) para impedir o crescimento microbiano e aumentar o prazo de validade (Leistner e Gorris, 1995). Os obstáculos mais importantes utilizados na conservação dos alimentos são: temperatura (alta ou baixa), atividade da água ($a_w$ ), acidez (pH), potencial redox (Eh), conservantes (nitrito, sorbato, sulfito) e microrganismos competitivos como as bactérias lácticas (Leistner, 2000).

Ballesteros *et al.* (1993) referiram que a atividade hídrica mínima para o crescimento de *Staphylococcus aureus* de vários solutos variava entre 0,86 e 0,975. Observaram que solutos como o álcool, os dióis e os polietilenoglicóis são capazes de inibir o crescimento com uma atividade de água muito mais elevada do que o cloreto de sódio e a sacarose.

Chirife (1994) referiu que os efeitos inibitórios da sacarose e do cloreto de sódio em *Staphylococcus aureus* estavam principalmente relacionados com uma menor atividade da água. Sugeriu que outros solutos como o etanol, o propilenoglicol, o butilenoglicol e vários polietilenoglicóis podem ter efeitos antibacterianos relacionados principalmente com a interação com enzimas de membrana responsáveis pela síntese de peptidoglicanos. Em todos os casos, o cloreto de sódio é mais inibidor do que o glicerol.

Chawla *et al.* (2006) relataram uma redução na atividade da água do intestino de borrego fresco de 0,95 - 0,80 com a adição de 10% (w/w) de cloreto de sódio como parte de uma tecnologia de obstáculo. O maior revés para a utilização de melerites no desenvolvimento da oxidação lipídica e, portanto, de cloreto de sódio é a sua atividade pró-oxidante que acelera o desenvolvimento da oxidação lipídica e, portanto, a deterioração dos produtos de valor acrescentado (Decker e Xu, 1998).

### 2.7.3. Controlo da deterioração enzimática autolítica

Como o processo de degradação do peixe começa com a atividade autolítica, é importante abrandar a ação das enzimas digestivas para melhorar a conservação. Isto pode ser conseguido através da remoção das enzimas ou do desenvolvimento de técnicas que inibam as suas actividades. A evisceração do peixe imediatamente após a captura pode evitar a invasão de proteases do trato digestivo através da cavidade abdominal para o tecido e prevenir ou retardar a degradação (Pedrosa Menabrito e Regenstein, 1988).

### 2.7.4. Estripamento

A fim de remover as proteases fortes do trato digestivo, é essencial eviscerar o peixe imediatamente após a captura. Este procedimento deve ser realizado corretamente para evitar o contacto das enzimas digestivas com os tecidos (Pedrosa Menabrito e Regenstein, 1988). Deve-se notar que muitos factores como a idade do peixe, a espécie, a quantidade de lípidos, o local de captura e o método de captura determinarão se a evisceração do peixe pode ser vantajosa ou não. As espécies de peixes gordos, como o arenque, a sardinha e a cavala, são susceptíveis de uma forte degradação autolítica quando capturadas logo após a alimentação. No entanto, a evisceração de espécies magras, como o bacalhau, é obrigatória. O aumento do conteúdo do estômago e do intestino é acompanhado de um aumento dos níveis de enzimas digestivas (Pedrosa Menabrito e Regenstein, 1988). As enzimas digestivas saem durante o período post mortem, quando as paredes do ventre rebentam (Gildberg e Raa, 1980). O rebentamento do ventre pode ser limitado se o peixe for mantido fresco e processado (eviscerado) rapidamente após a captura (Hobbs, 1982). No entanto, pode haver hipóteses de contaminação bacteriana cruzada do peixe durante o processo de evisceração (Erkan e Ozden, 2006).

### 2.7.5. Adição de cloreto de sódio

O cloreto de sódio demonstrou a capacidade de inativar enzimas autolíticas em espécies marinhas. Reddi *et al.* (1972) relataram a inativação da catepsina extraída da solha de inverno utilizando 5% de NaCl quando incubada durante 25 horas à temperatura ambiente. Concluíram que o NaCl é um inactivador da atividade cateptica, que pode, também, controlar a deterioração autolítica.

Yongsawatdigul *et al.* (2000) relataram que a proteólise do surimi de tilápia diminuiu cerca de 76% em comparação com o controlo (0% NaCl) quando o surimi foi incubado em 1M NaCl a 65°C durante 1,5 horas.

Klomklao *et al.* (2004) estudaram as actividades proteolíticas do extrato esplénico de três espécies de atum: gaiado *(Katsuwonus pelamis),* albacora *(Thunnus albacores)* e tongol *(Thunnus tonggol).* Os autores referiram que as actividades autolíticas diminuíam continuamente à medida que a concentração de NaCl aumentava, não se verificando qualquer atividade na presença de 30% (p/v) de NaCl a 55°C e pH 9,0.

Sen (2005) referiu que uma solução de cloreto de sódio a 10% inactivou a enzima autolítica quando o camarão desossado foi escaldado durante 5 minutos a 80°C.

Siringan *et al.* (2006) apresentaram um relatório exaustivo sobre a atividade autolítica das proteinases endógenas na anchova indiana. Verificaram que o NaCl a 25% (p/p) reduziu a atividade autolítica em 48%.

### 2.7.6. Adição de ácidos

Martinez e Gildberg (1988) relataram a taxa de degradação do tecido da anchova durante o armazenamento com pH reduzido. Os peixes foram armazenados em água do mar a 1°C com a adição de ácido lático/acético ou ácido propiónico para baixar o pH para 5. Após um período de armazenamento de 35 horas, verificaram que o ácido lático era eficaz na redução da percentagem de rebentamento do ventre para metade, de 19-10%.

Hidalgo *et al.* (1999) efectuaram um estudo comparativo das actividades proteolíticas em seis espécies de peixes com hábitos nutricionais diferentes: Truta arco-íris

*(Oncorhynchus mykiss)*, dourada *(Sparus aurata)*, enguia europeia *(Anguilla anguilla)*, carpa comum *(Cyprinus carpio)*, peixe dourado *(Carassius auratus)* e tenca *(Tinca* tinca). Quando a atividade proteolítica foi determinada numa vasta gama de pH utilizando 0,1 M KCl-HCl (pH 1,5), 0,2 M glicina-HCl (pH 3,0), 0,1 M citrato (pH 4,0), 0,2 M fosfato (pH 7.0), 0,1 M Tris-HCl (pH 9,0) e 0,1 M glicina-NaOH (pH 10,0), a 25°C), os valores mais elevados no tubo digestivo de todas as espécies foram encontrados em pH alcalino e neutro. No entanto, Cabrer *et al.* (2002) referiram que a atividade da catepsina estava aumentada em pH mais baixo do peixe marinado em ácido acético.

### 2.7.7. Controlo da deterioração oxidativa

Para garantir o máximo rendimento lipídico, é necessário estudar e compreender a oxidação e a inibição dos lípidos. Para inibir a oxidação lipídica, é necessário remover os catalisadores do mecanismo dos radicais livres (oxigénio molecular e metais de transição). Ao remover estes catalisadores através de antioxidantes e agentes quelantes, a oxidação lipídica pode ser limitada e o rendimento lipídico melhorado. Um índice frequentemente utilizado para determinar a oxidação lipídica é a medição das Substâncias Reactivas do Ácido Tiobarbitúrico (TBARS). Entre os aditivos inibidores da oxidação lipídica encontram-se: Antioxidantes fenólicos e ácido etileno diaminotetra acético.

### 2.7.8. Antioxidantes fenólicos

Os derivados do fenol, como o hidroxianisol butilado (BHA), o hidroxitolueno butilado (BHT) e a butil-hidroquinona terciária (TBHQ), são designados por antioxidantes fenólicos (Davidson, 1993). O BHA, o BHT e o TBHQ têm propriedades antimicrobianas contra bactérias (predominantemente gram-negativas), fungos, vírus e protozoários (Branen *et al,* 1980). De acordo com Ray (2004), a atividade antimicrobiana deve-se aos efeitos adversos nas membranas celulares e nas enzimas. As caraterísticas antioxidantes dos derivados de fenol podem ser mais benéficas em termos de preservação. A eficácia antioxidante na inibição da oxidação pode dever-se, em parte, ao número de grupos hidroxilo fenólicos disponíveis para a eliminação de radicais livres (Rice Evans *et al.*, 1996).

O Canadian Food and Drug Act limita a quantidade de antioxidantes fenólicos isolados ou combinados a 0,02% (DJC, 2009). Kaitaranta (1992) descobriu que o TBHQ (a 0,01%) é duas vezes mais eficaz nas suas propriedades antioxidantes do que o BHA ou o BHT (a 0,02%). O TBHQ tinha um valor de eficiência antioxidante de 4,0, enquanto o BHA e o BHT tinham valores de 1,8 e 2,2, respetivamente. Também referiram que, durante estudos preliminares, o TBHQ não tinha mostrado praticamente nenhuma oxidação mensurável nos testes acelerados a níveis superiores a 0,02%. Kelleher *et al.* (1992) registaram resultados semelhantes.

Sang e Jin (2004) relataram uma combinação de stress foto-oxidativo e atividade antioxidante de BHA e TBHQ em óleo de fígado de cavala bruto e refinado. As alterações no índice de peróxidos (PV) e TBARS (substâncias reactivas ao ácido tiobarbitúrico) foram monitorizadas durante 18 dias a 5 e 40°C. O índice de peróxidos é utilizado como indicador do grau de rancidez oxidativa. É afetado pela idade da matéria-prima, bem como pela oxidação dos lípidos durante a transformação e o armazenamento (AMT, 1997). Os resultados mostraram que a exposição à luz visível desempenhou o papel mais crítico na oxidação, seguida do BHA e do TBHQ.

Raghavan e Hultin (2005) apresentaram um relatório sobre a eficácia dos antioxidantes fenólicos em amostras de músculo de arinca. A eficácia dos antioxidantes fenólicos foi sugerida como sendo largamente influenciada pelo número de grupos hidroxilo disponíveis para a eliminação de radicais livres. Como o TBHQ tem dois grupos hidroxilo, obteve o melhor desempenho em relação ao BHA e ao BHT, que têm um grupo.

### 2.7.9. Ácido etileno diaminotetracético (EDTA)

O ácido etileno diaminotetracético (EDTA) é conhecido como um agente quelante, sequestrante e complexante de metais (Shelef e Seiter, 2005). O EDTA é um membro do grupo dos ácidos poliaminocarboxílicos que pode ser adicionado ao peixe para remover metais vestigiais através da quelação que podem atuar como pró-oxidantes. Ao remover estes catalisadores do mecanismo dos radicais livres, o EDTA pode ser classificado como um inibidor da oxidação lipídica. Também tem demonstrado propriedades antimicrobianas devido à ligação de catiões divalentes encontrados nas paredes celulares bacterianas (Shelef e Seiter, 2005).

Como os antioxidantes fenólicos têm limites regulamentares, só são adicionados durante a fase de trituração. Shelef e Seiter (2005) utilizaram uma solução de EDTA a 1% para reprimir o crescimento de espécies de *Pseudomonas*. Verificou-se uma maior inibição da oxidação lipídica quando a mistura de antioxidantes foi adicionada no início da transformação, durante a moagem, e depois novamente durante a lavagem e antes da armazenagem. Ao recuperar as proteínas funcionais do arenque através de um processo de solubilização ácida, Undeland *et al.* (2005) verificaram que a adição de EDTA (0,044%, 1,5 mM) e eritorbato (0,2%, 9,3 mM) aos filetes de arenque reduzia significativamente a oxidação lipídica.

### 2.7.10. Controlo da deterioração microbiana

Os compostos antimicrobianos podem ser encontrados nos alimentos, formados naturalmente durante o processamento ou adicionados como ingrediente (Ray, 2004). Se o antimicrobiano for um aditivo alimentar, deve ser considerado seguro de acordo com a legislação do país em causa. Nos Estados Unidos, o aditivo deve constar da lista GRAS (Generally Recognized as Safe) de acordo com a American Food and Drug Administration (FDA, 2009). No Canadá, deve ser abrangido pelas BPF (Boas Práticas de Fabrico), de acordo com o Canadian Food and Drug Act (HC, 2006). Os antimicrobianos podem ser classificados como diretos ou indirectos com base nas propriedades e na atividade do composto. Os compostos antimicrobianos comuns incluem: nitritos, sulfuretos e ácidos orgânicos (Chipley, 2005; Ray, 2004; Archer, 2002).

### 2.7.11. Nitritos

Os nitritos são normalmente adicionados sob a forma de sais (nitrito de sódio ou nitrito de potássio) juntamente com NaCl, ascorbato e eritorbato aos produtos à base de carne, aves de capoeira e peixe, como antimicrobiano contra a bactéria produtora de toxinas *Clostridium botulinum* e para realçar a cor (Ray, 2004). Para além do seu excecional efeito antibacteriano no controlo das bactérias anaeróbias *Clostridium botulinum, Staphylococcus aureus e Yersinia enterocolitica,* os sais de nitrito são extremamente eficazes no controlo da cor, do odor e da oxidação lipídica (Sindelar e Houser, 2009; Lovenklev *et al.*, 2004; Archer, 2002; De Giusti e De Vito, 1992; Roberts, 1975). Embora os seus mecanismos antimicrobianos não sejam devidamente compreendidos, sabe-se que os nitritos podem estar envolvidos em reacções com enzimas em células vegetativas e esporos em germinação, restringindo a utilização de ferro pelas bactérias, limitando o transporte devido à interferência com a permeabilidade da membrana (Ray, 2004).

Foi demonstrado que a natureza bactericida não é a do nitrito por si só, mas sim a dos compostos dele derivados durante a preparação dos alimentos (Cammack *et al.,* 1999). O efeito antibacteriano do nitrito é reforçado a um pH mais baixo (5 - 6) e na presença de agentes redutores como o ascorbato e o eritorbato (Ray, 2004). De acordo com a FDA dos EUA, o limite regulamentar atual para o nitrito é de 156 ppm (Ryser e Marth, 1999). No Canadá, contudo, o nitrito está limitado a 200 ppm na carne e nos mamíferos marinhos, mas é proibido como aditivo para peixe (DJC, 2009). A causa de preocupação está associada à possível formação de nitrosaminas carcinogénicas com exposição prolongada. No entanto, nenhum estudo epidemiológico demonstrou uma ligação entre o consumo de nitrato/nitrito e um cancro específico ou um risco de cancro (Sindelar e Houser, 2009). Os efeitos da formação de nitrosaminas podem ser anulados pela adição de ascorbato de sódio aos sais de nitrato e nitrito para a conservação da carne (Rywotycki, 2002; Mirvish *et al.,* 1972).

### 2.7.12. Sulfitos

A utilização de agentes sulfitantes para controlar o crescimento e a atividade microbiana indesejáveis é uma das aplicações mais antigas que remonta, pelo menos, ao tempo dos romanos. O dióxido de enxofre e os sais de bissulfito de potássio, metabissulfito de potássio, bissulfito de sódio, metabissulfito de sódio e sulfito de sódio estão listados como GRAS no Código de Regulamentos Federais dos EUA, desde que não sejam utilizados em alimentos reconhecidos como fontes dietéticas importantes de tiamina (Walker, 1985).

O sulfito de sódio é utilizado como agente antimicrobiano em frutos de baga, sumos de fruta, vinhos, bebidas, salsichas, pickles e camarão fresco. Os sulfitos são eficazes contra bolores, leveduras e bacilos Gram-negativos aeróbicos. A atividade microbiana é produzida pelo ácido sulfuroso não dissociado que entra na célula e reage com grupos tiol de proteínas, enzimas e cofactores (Ray, 2004).

Dyett e Shelley (1966) testaram os efeitos do sulfito como conservante de salsichas de carne. Os resultados indicaram que o conservante tinha um efeito de inibição significativo sobre coli-aerogenes e outros microrganismos Gram-negativos à temperatura ambiente. Omojowo *et al.* (2009) compararam os sais de metabissulfito e sorbato com uma concentração de 1-3% sobre a segurança e o prazo de validade do peixe-gato fumado. Relataram que ambos são bons na redução de *Escherichia coli* e *Streptococcus* sp. Também descobriram que o sorbato de potássio não teve qualquer efeito na contagem de *Staphylococcus* durante o período de armazenamento, enquanto apenas 5% de metabissulfito de sódio foi capaz de reduzir a contagem de *Staphylococcus* para 0 e permaneceu 0 até ao fim de $8^{th}$ semanas de armazenamento.

As aplicações de agentes sulfitantes em produtos à base de carne e peixe são limitadas devido à destruição da tiamina (Walker, 1985). No Reino Unido, podem ser aplicados a produtos triturados específicos, tais como salsichas frescas, nos quais funcionam principalmente como agentes antimicrobianos, particularmente no controlo de *Enterobacteriaceae*, incluindo *Salmonellae* patogénica (Banks e Board, 1982). Atualmente, os sulfitos não são permitidos no Canadá como aditivos para carne ou peixe (DJC, 2009).

### 2.7.13. Ácido lático

O ácido lático tem demonstrado algumas propriedades antimicrobianas quando utilizado como enxaguamento de carcaças de bovinos, suínos e frangos. Esta capacidade inibitória deve-se à redução do pH para níveis em que as bactérias não conseguem iniciar o crescimento (Doores, 2005). De Wit e Rombouts (1990) relataram a atividade antimicrobiana do lactato de sódio (5%) contra várias bactérias psicrotróficas do ácido lático. Houtsma *et al.* (1993) relataram extensivamente a concentração inibitória mínima de lactato de sódio sob condições óptimas de crescimento (pH 6,5, 20°C) para bactérias isoladas de produtos de carne estragados e não estragados. Tan e Shelef (2002) relataram uma maior estabilidade microbiana em carne de porco fresca moída refrigerada que foi tratada com uma combinação de cloreto de sódio (1%, p/p) e lactato de sódio (2%, p/p).

Park *et al.* (2005) avaliaram os efeitos antimicrobianos da mistura de condensados de culturas de bactérias produtoras de ácido lático em *Salmonella enteritidis*. A uma concentração de 5 e 10% da mistura de culturas condensadas, o crescimento de *Streptococcus enteritidis* foi significativamente retardado através da observação da densidade ótica do caldo. No entanto, a sua capacidade como habitante de bactérias patogénicas e de deterioração tem de ser investigada na prática.

Sallam (2007) avaliou o prazo de validade, a qualidade química e os atributos sensoriais de fatias de salmão tratadas por imersão em solução aquosa a 2,5% de acetato de sódio (NaA), lactato de sódio (NaL) ou citrato de sódio (NaC) durante o armazenamento refrigerado a 1°C. Relatou uma redução significativa do valor K, da concentração de hipoxantina (Hx), do azoto básico volátil total (TVBN) e da trimetilamina (TMA) nas fatias de salmão tratadas em termos de análises químicas. Foi estimado um prazo de validade de 8, 12, 12 e 15 dias para o controlo e para o salmão tratado com NaL, NaC e NaA, respetivamente.

As bactérias do ácido lático são eficazes na colonização de microrganismos indesejáveis nos alimentos, produzindo ácido lático e outros ácidos orgânicos (Matamoros *et al.*, 2009). Matamoros *et al.* (2009) isolaram várias espécies de bactérias psicrotróficas do ácido lático de vários produtos do mar. Tome *et al.* (2008) conseguiram controlar o crescimento de *Listeria monocytogenes* patogénica utilizando várias bactérias lácticas em salmão fumado a frio. A estirpe de bactérias do ácido lático *Enterococcus faecium* apresentou os melhores resultados de controlo no estudo.

### 2.7.14. Ácido ascórbico

Foi demonstrado que o ácido ascórbico (vitamina C), o ascorbato de sódio e o Disoascorbato (eritorbato) aumentam a atividade antimicrobiana dos sulfitos e nitritos (Baird-Parker e Baillie, 1974; Raevuori, 1975). O aumento da atividade deve-se tanto às propriedades antioxidantes como ao sequestro de ferro (Tompkin *et al.*, 2007). É do conhecimento geral que a prática - listada com carnes e peixes (DJC, 2009). O ascorbato e o seu isómero (eritorbato) têm propriedades antioxidantes que oxidam as espécies reactivas de oxigénio produzindo água. Kelleher *et al.* (1992) e Undeland *et al.* (2005) afirmaram que o ácido ascórbico provou ser eficaz como antimicrobiano a 0,2%.

Raevuori (1975) referiu que a adição de 500 mg $kg^{-1}$ de eritorbato de sódio e 200 mg $kg^{-1}$ de nitrito de sódio tinha impedido o crescimento de esporos *de Bacillus cereus* em salsichas mantidas a 20°C durante 48 horas. Como mencionado anteriormente, também podem inibir a formação de nitrosaminas carcinogénicas que podem resultar da utilização de nitritos (Mirvish *et al.*, 1972). Esta constatação levou a que o USDA limitasse a entrada de nitrito de sódio a 120 µg $g^{-1}$ com a adição de 550 µg g-1 de ascorbato de sódio ou eritorbato (Tompkin, 2005). De acordo com o Canadian Food and Drug Act, o ácido ascórbico e o ácido eritórbico estão listados nas Boas Práticas de Fabrico para carnes e peixes (DJC, 2009).

### 2.7.15. Ácido benzoico

O ácido benzoico e o benzoato de sódio são utilizados como conservantes em produtos de natureza ácida. Chipley (2005) afirma que o ácido benzoico e o seu sal são geralmente utilizados para inibir leveduras e fungos e não bactérias. O ácido benzoico permanece como uma molécula sem carga em condições de pH baixo, que é a forma de atravessar facilmente a membrana celular. Uma vez no citosol, o ácido dissocia-se devido ao ambiente de pH basicamente neutro. O anião e os protões libertados das moléculas originais não podem voltar a difundir-se através da membrana, pelo que se acumulam no citosol. Como resultado, a acidificação do citosol e a depleção de ATP como energia causarão um mau funcionamento fisiológico e, finalmente, a inibição do crescimento do microrganismo (Krebs *et al.*, 1983; Warth, 1991; Brul e Coote, 1999; Hazan *et al.*, 2004). A depleção de energia é principalmente utilizada para manter uma concentração intracelular reduzida de benzoato (Warth, 1988).

Van Spreekens (1977) referiu que as bactérias típicas da deterioração do camarão, *do tipo Pseudomonas*, eram inibidas pela adição de, pelo menos, 0,8% de ácido benzoico como conservante.

Efluvwevwere e Ajiboye (1996) realizaram um estudo sobre o controlo da deterioração microbiana do peixe-gato fumado com diferentes conservantes químicos. Referiram que as amostras tratadas com benzoato de sódio só podiam ser eficazes durante os primeiros 4 dias após o tratamento em ambiente tropical.

Dabrowski *et al.* (2002) efectuaram estudos qualitativos e quantitativos sobre a microflora de fatias de arenque com baixo teor de sal suplementadas com 0, 0,2 e 0,3% de benzoato de sódio (E-211). Observaram que o benzoato de sódio reduziu a diversidade de bactérias e leveduras num produto testado e não exerceu qualquer influência no número total de bactérias e leveduras. Isto deu a entender que foi criado um nicho ecológico vazio após a eliminação de algumas espécies pelo conservante e que as restantes as substituíram.

No entanto, de acordo com Hazan *et al.* (2004), as leveduras como *Saccharomyces* e *Zygosaccharomyces* têm a capacidade intrínseca de resistir ao ácido benzoico dentro dos limites toxicológicos toleráveis. O autor sugere a combinação do tratamento com ácido benzoico e condições de inanição de azoto para garantir a preservação eficaz dos alimentos contra a deterioração por leveduras.

# CAPÍTULO 3. MATERIAIS E MÉTODOS

## 3.1. MÉTODOS GERAIS

### 3.1.1. Limpeza de objectos de vidro

Todos os objectos de vidro foram primeiro mergulhados numa solução de limpeza (100 g de dicromato de potássio foram adicionados a 100 ml de água destilada, seguida da adição de 50 ml de ácido sulfúrico concentrado) durante cerca de 12 horas e lavados com água da torneira. Em seguida, foram fervidas em água com sabão e lavadas em água da torneira. Finalmente, foram limpos em água destilada, secos e utilizados para o estudo.

### 3.1.2. Esterilização

Todos os meios foram esterilizados em autoclave a 120°C de pressão durante 20 minutos. As vidrarias foram esterilizadas a 180°C durante 3 horas em estufa de ar quente.

### 3.1.3. Produtos químicos

Todos os produtos químicos utilizados nas experiências eram de grau de reagentes analíticos (AR) e foi utilizada água destilada durante todo o estudo.

## 3.2. AMOSTRA DE PEIXE - 1

Nome comum - Upeneus *(Sulphureus cuvier)*

Nome inglês - Yellow-goat fish

Nome Tamil - Sennagarai

Cor - Cabeça avermelhada dorso bronze esverdeado ventre amarelo

Comprimento - 7 polegadas

Profundidade - 30 pés

Factos interessantes - Utilizar halteres para extrair areia

### 3.2.1. Classificação científica dos peixes da amostra - 1

Reino - Animalia

Filo - Chordata

Classe- Actinopterygii

Ordem - Perciformes

Família - Mullidae

Género - *Sulphureus*

Espécie - *cuvier*

### 3.3. RECOLHA DE AMOSTRAS DE PEIXES

O peixe estragado (Yellow goat fish - *Sulphureus cuvier)* foi recolhido em três locais diferentes, *nomeadamente* no mercado de peixe de Chidambaram, em Killai e em Bhuvanagiri. As amostras de peixe estragado recolhidas foram conservadas no frigorífico a 4°C.

### 3.4. ISOLAMENTO DE BACTÉRIAS DO PEIXE ESPURIFICADO (Peixe-cabra amarelo - *Sulphureus cuvier)* AMOSTRA

Utilizou-se a técnica de Pour Plate para o isolamento de bactérias em amostras de peixe estragado. Neste método, um pedaço do intestino e da parte média do intestino do peixe, com 6,0 cm de área, operado com ou sem músculo subjacente, foi excisado do peixe e homogeneizado com 10 ml de água destilada, que foi utilizada para as diluições e, em seguida, foi diluída em série seguindo o procedimento padrão até à concentração de $10^{-6}$ . Em seguida, 1 ml de amostras diluídas em série de cada concentração de amostras foi transferido para placas de Petri estéreis e distribuído uniformemente pelas placas, tendo sido vertido ágar nutriente solidificado estéril e deixado solidificar. As placas de ágar nutriente foram incubadas a $37^{O}$ C durante 24 horas. Após a incubação, as colónias bacterianas foram isoladas das placas e a população microbiana foi contada utilizando o contador de colónias Qubec (CFU/ml).

### 3.5. MANUTENÇÃO DE ISOLADOS BACTERIANOS

As colónias bacterianas bem desenvolvidas foram colhidas e posteriormente purificadas por sementeira. As estirpes isoladas foram mantidas em placas de ágar nutriente e armazenadas a 4°C.

## 3.6. CARACTERIZAÇÃO DAS COLÓNIAS DE ISOLADOS BACTERIANOS

Os isolados bacterianos foram observados ao microscópio, a morfologia da colónia foi anotada no que diz respeito à cor, tamanho, forma e natureza da colónia.

### 3.6.1. Caracterização microscópica

#### 3.6.1.1. Coloração de Gram

Foi colocada uma gota de água destilada esterilizada no meio da lâmina transparente. Em seguida, transferiu-se uma suspensão bacteriana (cultura jovem) para a gota de água esterilizada e preparou-se uma película muito fina na lâmina, espalhando-a uniformemente. A película foi fixada passando-a sobre uma chama suave durante duas ou três vezes. A lâmina foi inundada com solução de violeta cristalina e deixada em repouso durante 30 segundos, sendo depois lavada cuidadosamente com um fluxo suave de água da torneira. A lâmina foi então imersa em solução de iodo durante 1 minuto e lavada cuidadosamente com álcool a 95% durante 10 segundos. O álcool foi drenado e lavado cuidadosamente com uma corrente suave de água da torneira. A lâmina foi então coberta com safranina durante 1 minuto. Após lavagem com água da torneira e secagem com papel absorvente, a lâmina foi examinada ao microscópio.

#### 3.6.1.2. Coloração da cápsula

**Coloração negativa**

Foi preparada uma suspensão diluída do organismo. Para o efeito, foi colocada uma colherada de cultura na lâmina. Adicionou-se uma gota de tinta da Índia e secou-se ao ar. A lâmina não deve ser fixada pelo calor. Os organismos aparecem como uma área oca e o fundo é preto, o que indica um resultado positivo.

#### 3.6.1.3. Coloração de esporos

Colocou-se uma gota de água salina estéril numa lâmina de vidro limpa para a coloração dos esporos. Foi colocada uma gota de cultura bacteriana antiga na gota e foi feito um esfregaço na lâmina. A película foi seca numa chama de aquecimento suave. A lâmina foi então colocada sobre um copo e adicionou-se verde de malaquite a 5%, gota a gota, na lâmina. Evitou-se a ebulição do verde de malaquite adicionando mais verde de malaquite. Em seguida, a lâmina foi retirada da corrente e lavada suavemente com água da torneira. A preparação foi necessária com solução de Safranin durante 1 minuto e lavada com um fluxo suave de água da torneira e colocada sob lentes de imersão com óleo de imersão.

#### 3.6.1.4. Demonstração da motilidade (método da gota suspensa)

Aplicou-se vaselina nos quatro cantos da lâmina da cavidade e colocou-se uma gota de cultura bacteriana sobre a lamela. Colocou-se uma lâmina de vidro limpa sobre a lâmina da cavidade e pressionou-se suavemente para formar um selo entre a lâmina e a lâmina da cavidade. A lâmina foi invertida suavemente sem perturbar a gota e foi observada com uma objetiva de alta potência ao longo da margem da gota.

### 3.6.2. Cultivo em meio selectivo

Uma alçada de isolados bacterianos foi semeada em diferentes meios selectivos, *nomeadamente,* ágar Eosina Azul de Metileno (EMB), ágar Mac Conkey, ágar TCBS, ágar Sal de Manitol, meio de DNAase e ágar *Salmonella Shigella* (SSA). Depois de estriadas, as placas foram incubadas a 37°C durante 24 horas e a morfologia das colónias nas placas foi observada.

### 3.6.3. Caracterização bioquímica

#### 3.6.3.1. Ensaio do indole

Preparou-se e esterilizou-se caldo de peptona, que foi distribuído em tubos de ensaio estéreis, inoculou-se a cultura e incubou-se. Após 24 horas, foram adicionadas algumas gotas do reagente de Kovac. A formação de um anel de cor vermelha no topo do caldo indica um resultado positivo e a cor amarela indica um resultado negativo.

#### 3.6.3.2. Teste do vermelho de metilo

O caldo MR-VP foi preparado e distribuído em tubos de ensaio e foi esterilizado. As culturas de teste foram inoculadas e incubadas. Após 24 horas, foram adicionadas algumas gotas de indicador vermelho de metilo. A formação de cor vermelha indica um resultado positivo e a cor amarela indica um resultado negativo.

#### 3.6.3.3. Teste Voges Proskauer

Num meio MR-VP esterilizado, foram adicionadas as culturas de teste e incubadas. Após 24 horas, foram adicionados os reagentes de Barrits A e B, respetivamente. A cor vermelha indica um resultado positivo e a cor amarela indica um resultado negativo.

#### 3.6.3.4. Teste de utilização de citrato

O meio de ágar citrato de Simmon estéril foi preparado e vertido em tubos de ensaio e esterilizado. Após a esterilização, foram feitos slants. Os organismos de teste foram semeados com as culturas e incubados a 37° C durante 24 horas. Após a incubação, a mudança de cor de verde para azul indicou um resultado positivo. A ausência de mudança de cor indica um resultado negativo.

#### 3.6.3.5. Teste em ágar ferro com três açúcares

Foram preparados slants de ágar TSI e as culturas de teste foram semeadas ao longo dos slants e os tubos foram incubados a 37° C durante 24 horas. Após 24 horas, os tubos são retirados e examina-se o resultado.

#### 3.6.3.6. Ensaio de redução de nitratos

O caldo de nitrato foi preparado e distribuído em tubos de ensaio. Os tubos de ensaio foram esterilizados e uma ansa cheia de culturas foi inoculada e incubada durante 24 horas.

Após incubação, foram adicionadas algumas gotas de alfa-naftalamina e ácido sulfanílico. O teste positivo é indicado pela formação de cor vermelha.

#### 3.6.3.7. Teste da catalase

Numa lâmina de vidro limpa, foi colocada uma gota de suspensão bacteriana. Adicionou-se uma gota de peróxido de hidrogénio à cultura. A evolução das bolhas indica um resultado positivo. Nenhuma alteração, resultado negativo.

#### 3.6.3.8. Teste da urease

Preparou-se ágar ureia, esterilizou-se e verteu-se em tubos de ensaio, tendo-se feito slants. A cultura de teste foi semeada com os slants e incubada durante 24 horas. A mudança de cor de amarelo para vermelho indica um resultado positivo. A ausência de mudança de cor indica um resultado negativo.

#### 3.6.3.9. Teste da oxidase

As culturas foram esfregadas sobre o papel de filtro que continha um reagente, o dicloridrato de N-N tetra metil parafenileno diamina. A cor púrpura indica um resultado positivo.

#### 3.6.3.10. Fermentação do açúcar

O caldo nutritivo foi preparado com os seguintes açúcares: glucose, sacarose, lactose, maltose e manitol. Todos estes são preparados com indicador (vermelho de fenol). O caldo foi distribuído em tubos de ensaio e o tubo de Durham foi introduzido e esterilizado. O organismo foi inoculado em tubos de açúcar e a cultura foi incubada durante 24-48 horas a 37°C. A observação dos resultados da fermentação do açúcar registou as mudanças de cor no caldo e a produção de gás, a cor amarela indica positivo e a cor vermelha permanece significa negativo.

#### 3.6.3.11. Ensaio de hidrólise do amido

O meio de ágar-amido foi preparado e vertido em placas de Petri estéreis. Após a solidificação, as culturas foram semeadas no centro das placas e as placas foram invertidas e incubadas a 37°C durante 24 horas. Após a incubação, as placas foram inundadas com solução de iodo durante 30 segundos. A cor preta azulada observada à volta da região da estria indica um resultado positivo. A ausência de cor preta azulada indica um resultado negativo.

#### 3.6.3.12. Ensaio de hidrólise da gelatina

Foi preparado um meio de gelatina e colocado numa placa de Petri estéril. Após a solidificação, as culturas bacterianas testadas foram semeadas no centro da placa e as placas inoculadas foram incubadas a 37°C durante 24 horas. Após a incubação, a atividade de hidrólise foi testada utilizando uma solução de cloreto de mercúrio que foi inundada na superfície do ágar gelatina. A formação de uma zona clara à volta da linha de estrias após a adição de cloreto de mercúrio indica um resultado positivo. A ausência de zona clara indica um resultado negativo.

## 3.7. ESTUDOS SOBRE O EFEITO DO pH NO CRESCIMENTO DE BACTÉRIAS ISOLADAS DE PEIXES ESPORRIDOS (Peixe-cabra amarelo - *Sulphureus cuvier*)

O caldo nutritivo esterilizado foi preparado e distribuído em quantidades de 100 ml em frascos Erlenmeyer de 250 ml e o pH foi ajustado para vários níveis de 4,0, 4,5, 5,0, 5,5, 6,0, 6,5, 7,0, 7,5, 8,0, 8,5 e 9,0 em cada frasco, adicionando HCl 0,1N ou KOH 0,1 e o pH em cada caldo foi testado com a ajuda de um medidor de pH de elétrodo de vidro. Após a esterilização, adicionou-se 1 ml dos inóculos padrão das culturas bacterianas isoladas de peixe estragado, nomeadamente *Escherichia coli, Vibrio cholerae, Staphylococcus aureus, Salmonella typhi* e *Pseudomonas fluorescens*, respetivamente, e incubou-se durante 48 horas a 30°C. Após o período de incubação, o resíduo foi colocado numa estufa a 50°C até se obter um peso constante.

## 3.8. ESTUDO DO EFEITO DA TEMPERATURA NO CRESCIMENTO DE BACTÉRIAS ISOLADAS DE PEIXES ESPÓLIDOS (Peixe-cabra amarelo - *Sulphureus cuvier*)

O caldo nutriente esterilizado foi preparado e distribuído em quantidades de 100 ml em frascos Erlenmeyer de 250 ml. Após a esterilização, foram adicionados 1 ml de inóculos padrão de cultura bacteriana, nomeadamente *Escherichia coli, Vibrio cholerae, Staphylococcus aureus, Salmonella typhi* e *Pseudomonas fluorescens*, respetivamente, e incubados durante 48 horas a diferentes temperaturas, *nomeadamente* 0°C, 5°C, 10°C, 15°C, 20°C, 30°C, 40°C, 45°C, 50°C e 60°C numa incubadora. Após o período de incubação, o resíduo foi colocado numa estufa a 50°C até se obter um peso constante.

## 3.9. EFEITO DOS CONSERVANTES QUÍMICOS NA INIBIÇÃO DO CRESCIMENTO DE AGENTES PATOGÉNICOS DOS PEIXES

Os efeitos de diferentes concentrações de conservantes químicos (nitrito de sódio, nitrito de potássio, bissulfito de sódio, metassulfito de sódio, bissulfito de potássio e metassulfito de potássio) na inibição de estirpes bacterianas foram estudados utilizando o ensaio de difusão em poço de ágar. O meio de ágar nutriente esterilizado foi preparado e semeado com um inóculo padrão das cinco estirpes bacterianas, *Escherichia coli Vibrio cholerae, Staphylococcus aureus, Salmonella typhi* e *Pseudomonas fluorescens* separadamente e plaqueado. Foram preparadas diferentes concentrações de conservantes químicos, nomeadamente 200, 400, 600, 800 e 1000 μg $ml^{-1}$ . Na superfície do meio, foram feitos poços com uma broca de cortiça (6 mm de diâmetro) e 100 μl de concentrações foram descarregados no poço. As placas foram incubadas à temperatura ambiente durante 24 horas e o diâmetro da zona de inibição (em mm) à volta do poço foi medido. Foram mantidas três réplicas em cada tratamento.

# CAPÍTULO 4. RESULTADOS EXPERIMENTAIS

A presença de bactérias patogénicas no peixe cabra-amarela *(Sulphureus cuvier)* estragado, recolhido em Chidambaram, Killai e Bhuvanagiri, foi estudada na presente investigação. Os resultados da investigação incluem a estimativa da carga bacteriana total, o isolamento e a identificação dos isolados bacterianos, o efeito da temperatura e do pH no crescimento das bactérias isoladas do peixe estragado, estudos sobre o efeito de vários conservantes químicos (nitrito de sódio, nitrito de potássio, bissulfito de sódio, metassulfito de sódio, bissulfito de potássio e metassulfito de potássio). Os resultados do presente inquérito são ilustrados a seguir.

## 4.1. ESTIMATIVA DA CARGA BACTERIANA TOTAL NUMA AMOSTRA DE PEIXE ESTRAGADO

A população de bactérias patogénicas em amostras estragadas de peixe cabra-amarela (*Sulphureus cuvier*) recolhidas em três locais diferentes foi determinada e os resultados da presente investigação são apresentados no Quadro - 1. A carga bacteriana máxima foi registada no peixe estragado recolhido em Chidambaram (155 x $10^4$ ), seguido de Killai (146 x $10^4$ ) e Bhuvanagiri (140 x $10^4$ ).

**Quadro - 1: Estimativa da carga bacteriana total em amostras estragadas de peixe cabra-amarela *(Sulphureus cuvier)***

| S.N. | Localizações | Carga bacteriana total (x$10^4$ cfu/ml) |
|---|---|---|
| 1 | Chidambaram | 155 |
| 2 | Killai | 146 |
| 3 | Bhuvanagiri | 140 |

Os valores são a média de três réplicas

Tabela - 2: Isolamento de bactérias deteriorantes de amostras deterioradas de peixe cabra-amarela *(Sulphureus cuvier)*

| S.N. | Nome dos sumos | Isolados |
|---|---|---|
| 1 | Chidambaram | Bactérias deteriorantes - I e Bactérias deteriorantes - - II |
| 2 | Killai | Bactérias deteriorantes - III e Bactérias deteriorantes - IV |
| 3 | Bhuvanagiri | Bactérias de deterioração - V |

## 4.2. ISOLAMENTO DE ISOLADOS BACTERIANOS EM AMOSTRAS DE PEIXE ESTRAGADO

Foram isolados cinco isolados bacterianos diferentes das amostras de peixe de cabra amarela estragado que foram recolhidas em três locais diferentes, nomeadamente Chidambaram, Killai e Bhuvanagiri. Em Chidambaram, observou-se a presença de Spoilage Bacteria - I e Spoilage Bacteria - II. Em Killai, foram registadas Spoilage Bacteria - III e Spoilage Bacteria - IV. Em Bhuvanagiri, foi isolada a Bactéria de deterioração - V (Quadro - 2).

## 4.3. IDENTIFICAÇÃO E CARACTERIZAÇÃO DE BACTÉRIAS ISOLADAS DE AMOSTRAS DE PEIXE ESTRAGADO

Foram isolados e identificados cinco isolados bacterianos a partir de amostras estragadas de peixe cabra-amarela *(Sulphureus cuvier)*. Os isolados bacterianos foram examinados quanto aos caracteres morfológicos e os resultados foram apresentados nos quadros - 3 a - 7. Com base nos caracteres morfológicos, como a forma e o tamanho das células, a coloração de Gram, o teste de motilidade, o plaqueamento em meio seletivo e os testes bioquímicos. A bactéria de deterioração - I foi identificada como *Escherichia coli*, a bactéria de deterioração - II foi identificada como *Vibrio cholerae*, a bactéria de deterioração - III foi identificada como *Staphylococcus aureus*, a bactéria de deterioração - IV foi identificada como *Salmonella typhi* e a bactéria de deterioração - V foi identificada como *Pseudomonas fluorescens.*

**Tabela - 3: Caracterização das bactérias de deterioração - I**

| S.N. | Teste | Resultados |
|---|---|---|
| 1 | Coloração de Gram | Bastonetes rectos Gram negativos |
| 2 | Motilidade | Móbil |
| 3 | Catalase | Positivo |
| 4 | Oxidase | Negativo |
| 5 | Ágar nutriente | Colónias circulares, lisas e incolores |
| 6 | Ágar MacConkey | Colónias de fermentação da lactose suaves, viscosas e de cor rosa |
| 7 | Ágar EMB | Pequenas colónias com brilho metálico esverdeado |
| 8 | Fermentação da glucose | Ácido e gás produzidos |
| 9 | Fermentação da lactose | Gás ácido produzido |
| 10 | Fermentação da sacarose | Gás ácido produzido |
| 11 | Fermentação com manitol | Gás ácido produzido |
| 12 | Indole | Positivo |
| 13 | Teste do vermelho de metilo | Positivo |
| 14 | Teste Voges Proskauer | Negativo |
| 15 | Utilização de citratos | Negativo |
| 16 | Urease | Negativo |
| 17 | ETI | Bunda ácida, inclinação alcalina, sem $H_2$ S e gás produzido |
| **Identificado provisoriamente como** | | ***Escherichia coli*** |

**Tabela - 4: Caracterização das bactérias de deterioração - II**

| S.N. | Teste | Resultados |
|---|---|---|
| 1. | Coloração de Gram | Gram negativos, bastonetes em forma de vírgula |
| 2. | Motilidade | Móbil |
| 3. | Catalase | Positivo |
| 4. | Oxidase | Positivo |
| 5. | Ágar nutriente | Colónias circulares, húmidas, lisas, translúcidas e de coloração azulada |
| 6. | Ágar MacConkey | Colónias suaves, gloosas e com fermentação tardia da lactose |
| 7. | Ágar TCBS | Pequenas colónias amarelas |
| 8. | Fermentação da glucose | Ácido e gás produzidos |
| 9. | Fermentação da lactose | Ácido e gás produzidos |
| 10. | Fermentação da sacarose | Ácido e gás produzidos |
| 11. | Fermentação com manitol | Ácido e gás produzidos |
| 12. | Indole | Positivo |
| 13. | Teste do vermelho de metilo | Negativo |
| 14. | Teste Voges Proskauar | Positivo |
| 15. | Utilização de citratos | Negativo |
| 16. | Urease | Negativo |
| 17. | ETI | Bunda ácida, inclinação alcalina, sem $H_2S$ e sem produção de gás |
| **Identificado provisoriamente como** | | ***Vibrio cholerae*** |

**Tabela - 5: Caracterização das bactérias de deterioração - III**

| S.N. | Teste | Resultados |
|---|---|---|
| 1. | Coloração de Gram | Cocos Gram positivos, dispostos em grupos. |
| 2. | Endosporo | Não há esporos presentes |
| 3. | Motilidade | Não-móvel |
| 4. | Catalase | Negativo |
| 5. | Oxidase | Negativo |
| 6. | Ágar nutriente | As colónias são lisas e amarelo-douradas |
| 7. | Ágar MacConkey | Colónias que fermentam a lactose. |
| 8. | Fermentação da glucose | Ácido produzido |
| 9. | Fermentação com manitol | Ácido produzido |
| 10. | Fermentação da sacarose | Ácido produzido |
| 11. | Fermentação com dextrose | Ácido produzido |
| 12. | Indole | Negativo |
| 13. | Teste do vermelho de metilo | Negativo |
| 14. | Teste Voges Proskauer | Positivo |
| 15. | Utilização de citratos | Positivo |
| 16. | Coagulase | Positivo |
| 17. | DNAase | Positivo |
| 18. | Ágar-sal de manitol | Colónias amarelas douradas |
| 19. | ETI média | Sem reação |
| 20. | Urease | Negativo |
| **Identificado provisoriamente como** | | ***Staphylococcus aureus*** |

**Tabela - 6: Caracterização das bactérias de deterioração - IV**

| S.N. | Teste | Resultados |
|---|---|---|
| 1. | Coloração de Gram | Bastonetes Gram negativos |
| 2. | Motilidade | Móbil |
| 3. | Catalase | Positivo |
| 4. | Oxidase | Negativo |
| 5. | Ágar nutriente | Colónias circulares, húmidas, lisas e translúcidas |
| 6. | Ágar MacConkey | Colónias que não fermentam a lactose |
| 7. | Ágar SSA | Pequenas colónias negras |
| 8. | Fermentação da glucose | Ácido e gás produzidos |
| 9. | Fermentação da lactose | Ácido e gás produzidos |
| 10. | Fermentação da sacarose | Ácido e gás produzidos |
| 11. | Fermentação com manitol | Ácido e gás produzidos |
| 12. | Indole | Negativo |
| 13. | Teste do vermelho de metilo | Positivo |
| 14. | Teste Voges Proskauar | Negativo |
| 15. | Utilização de citratos | Positivo |
| 16. | Urease | Negativo |
| 17. | ETI | Bunda ácida, inclinação alcalina, $H_2$ S e gás produzido |
| **Identificado provisoriamente como** | | ***Salmonella typhi*** |

Tabela - 7: Caracterização das bactérias de deterioração - V

| S. Não. | Teste | Resultados |
|---|---|---|
| 1. | Coloração de Gram | Hastes delgadas Gram negativas |
| 2. | Motilidade | Ativamente móvel |
| 3. | Catalase | Positivo |
| 4. | Oxidase | Positivo |
| 5. | Ágar nutriente | Colónias produtoras de pigmentos difusíveis de cor verde |
| 6. | Ágar MacConkey | Colónias que não fermentam a lactose |
| 7. | Fermentação da glucose | Não fermentado |
| 8. | Fermentação com manitol | Não fermentado |
| 9. | Fermentação com dextrose | Não fermentado |
| 10. | Fermentação da sacarose | Não fermentado |
| 11. | Indole | Negativo |
| 12. | Teste do vermelho de metilo | Negativo |
| 13. | Teste Voges Proskauer | Negativo |
| 14. | Utilização de citratos | Positivo |
| 15. | Urease | Positivo |
| 16. | ETI | Bunda alcalina, inclinação alcalina. Sem $H_2$ S e sem produção de gás |
| 17. | Ensaio O-F | Negativo |
| 18. | Hidrólise da caseína | Positivo |
| **Identificado provisoriamente como** | | ***Fluorescência de Pseudomonas*** |

## 4.4. EFEITO DO pH NO CRESCIMENTO DE BACTÉRIAS ISOLADAS DE AMOSTRAS DE PEIXE ESPORRECIDO

O crescimento de cinco diferentes bactérias deterioradoras de peixe*, nomeadamente Escherichia coli, Vibrio cholerae, Staphylococcus aureus, Salmonella typhi* e *Pseudomonas aeruginosa*, foi estudado em diferentes níveis de pH*, nomeadamente* 4,0, 4,5, 5,0, 5,5, 6,0, 6,5, 7,0, 7,5, 8,0, 8,5 e 9,0, durante 48 horas, sendo os resultados apresentados no Quadro 8. A densidade ótica a 580 nm de cinco bactérias deteriorantes de peixe em 48 horas aumentou com o aumento dos níveis de pH de 4,0 para 7,5 e depois diminuiu ligeiramente em pH 7,5 e 8,5. Registou-se uma maior densidade ótica em *Escherichia coli*, *Vibrio cholerae*, *Staphylococcus aureus*, *Salmonella typhi* e *Pseudomonas aeruginosa* a pH 7,5.

## 4.5. EFEITO DA TEMPERATURA NO CRESCIMENTO DE BACTÉRIAS ISOLADAS DE AMOSTRAS DE PEIXE ESTRAGADO

O crescimento de cinco diferentes bactérias de deterioração de peixe *viz*., *Escherichia coli*, *Vibrio cholerae*, *Staphylococcus aureus*, *Salmonella typhi* e *Pseudomonas aeruginosa* foi investigado a diferentes temperaturas *viz*., 0°C, 5°C, 10°C, 15°C, 20°C, 30°C, 40°C, 45°C, 50°C, 60°C durante 48 horas e os resultados são apresentados no Quadro - 9. A densidade ótica a 580 nm de cinco bactérias deteriorantes de peixe aumentou nos níveis de temperatura de 0°C a 35°C e registou-se um maior peso a 30°C.

**Tabela - 8: Efeito do pH no crescimento de isolados bacterianos de amostras de peixe estragado a 580 nm**

| S. Não | pH | *V. cholerae* | *E. coli* | *S. aureus* | *S. typhi* | *P. fluorescens* |
|---|---|---|---|---|---|---|
| 1. | 4.0 | 0.024 | 0.012 | 0.010 | 0.006 | 0.008 |
| 2. | 4.5 | 0.027 | 0.019 | 0.015 | 0.010 | 0.013 |
| 3. | 5.0 | 0.030 | 0.021 | 0.016 | 0.012 | 0.015 |
| 4. | 5.5 | 0.032 | 0.026 | 0.018 | 0.015 | 0.017 |

| 5. | 6.0 | 0.035 | 0.029 | 0.021 | 0.023 | 0.022 |
|---|---|---|---|---|---|---|
| 6. | 7.0 | 0.037 | 0.031 | 0.025 | 0.024 | 0.025 |
| 7. | 7.5 | 0.042 | 0.034 | 0.029 | 0.027 | 0.028 |
| 8. | 8.0 | 0.030 | 0.030 | 0.023 | 0.024 | 0.025 |
| 9. | 8.5 | 0.027 | 0.027 | 0.019 | 0.020 | 0.021 |
| 10. | 9.0 | 0.025 | 0.014 | 0.015 | 0.026 | 0.020 |

**Tabela - 9: Efeito da temperatura no crescimento de isolados bacterianos de amostras de peixe estragado a 580 nm**

| S. Não | Temperatura (°C) | *V. cholerae* | *E. coli* | *N. aureus* | *N. typhi* | *P. fluorescens* |
|---|---|---|---|---|---|---|
| 1. | 0 | - | - | - | - | - |
| 2. | 5 | 0.207 | 0.203 | 0.204 | 0.202 | 0.200 |
| 3. | 10 | 0.219 | 0.214 | 0.222 | 0.215 | 0.219 |
| 4. | 15 | 0.238 | 0.220 | 0.235 | 0.223 | 0.028 |
| 5. | 20 | 0.247 | 0.238 | 0.252 | 0.242 | 0.246 |
| 6. | 30 | 0.272 | 0.253 | 0.295 | 0.270 | 0.282 |
| 7. | 40 | 0.260 | 0.249 | 0.272 | 0.260 | 0.265 |
| 8. | 45 | 0.251 | 0.240 | 0.280 | 0.242 | 0.260 |
| 9. | 50 | 0.245 | 0.238 | 0.260 | 0.230 | 0.248 |
| 10. | 60 | 0.232 | 0.227 | 0.251 | 0.215 | 0.235 |

## 4.6. EFEITO DO NITRITO DE SÓDIO NAS BACTÉRIAS DE DETERIORAÇÃO DO PEIXE UTILIZANDO O MÉTODO DE DIFUSÃO EM ÁGAR

O efeito do nitrito de sódio na inibição do crescimento de bactérias isoladas de amostras de peixe estragado foi determinado e os resultados foram apresentados na Tabela - 10. O diâmetro da zona de inibição de todas as culturas bacterianas aumentou com o aumento das concentrações de nitrito de sódio de 200 a 1000 μg $ml^{-1}$ . Todas as concentrações mostraram uma zona inibitória contra todos os isolados bacterianos testados. O nitrito de sódio apresentou uma zona de inibição máxima contra *Staphylococcus aureus* (32 mm), seguido de *Salmonella typhi* (30 mm), *Pseudomonas fluorescens* (29 mm) e *Vibrio cholerae* (28 mm). A menor zona de inibição foi observada em *Escherichia coli* (26 mm).

## 4.7. EFEITO DO NITRITO DE POTÁSSIO NAS BACTÉRIAS DE DETERIORAÇÃO DO PEIXE UTILIZANDO O MÉTODO DE DIFUSÃO EM ÁGAR

O efeito do nitrito de potássio na inibição do crescimento de bactérias isoladas de peixe estragado foi analisado e os resultados foram tabulados na Tabela - 11. O diâmetro da zona de inibição de todas as culturas bacterianas aumentou com o aumento das concentrações de ácido tático de 200 para 1000 pl $ml^{-1}$ . Não se observou nenhuma zona de inibição a 200 μg $ml^{-1}$ contra *Vibrio cholerae, Escherichia coli* e *Pseudomonas fluorescens* e, a 400 μl $ml^{-1}$ , não se registou nenhuma zona de inibição contra *Escherichia coli* e *Vibrio cholerae.* O nitrito de potássio apresentou uma zona de inibição máxima contra *Staphylococcus aureus* (24 mm), seguido de *Salmonella typhi* (22 mm), *Pseudomonas fluorescens* (21 mm) e *Vibrio cholerae* (20 mm). A menor zona de inibição foi observada em *Escherichia coli* (18 mm).

## 4.8. EFEITO DO METASSULFITO DE SÓDIO NAS BACTÉRIAS DE DETERIORAÇÃO DO PEIXE UTILIZANDO O MÉTODO DE DIFUSÃO EM POÇO DE ÁGAR

O efeito do metassulfito de sódio na inibição do crescimento de bactérias isoladas de peixe estragado foi estudado e os resultados foram mostrados na Tabela - 12. O diâmetro da zona de inibição de todas as culturas bacterianas aumentou com o aumento das concentrações de metassulfito de sódio de 200 a 1000 μl $ml^{-1}$ . O diâmetro da zona de inibição de todas as culturas bacterianas aumentou com o aumento das concentrações de metassulfito de sódio de 200 a 1000 µg $ml^{-1}$. Todas as concentrações mostraram uma zona inibitória contra todos os isolados bacterianos testados. A zona de inibição máxima foi observada contra *Staphylococcus aureus* (36 mm), seguida por *Salmonella typhi* (35 mm), *Pseudomonas fluorescens* (33 mm) e *Vibrio cholerae* (32 mm). A menor zona de inibição foi observada em *Escherichia coli* (30 mm).

**Tabela - 10: Efeito do nitrito de sódio na inibição de bactérias de deterioração do peixe utilizando o método de difusão em Agar**

| **Nitrito de sódio (µg ml $)^{-1}$** | **Diâmetro da zona de inibição (em mm)** | | | | |
|---|---|---|---|---|---|
| | ***V. cholerae*** | ***E. coli*** | ***P. fluorescens*** | ***S. typhi*** | ***S. aureus*** |
| 200 | 10 | 10 | 13 | 15 | 18 |
| 400 | 15 | 12 | 16 | 17 | 20 |
| 600 | 17 | 15 | 21 | 23 | 25 |
| 800 | 24 | 21 | 26 | 27 | 29 |
| 1000 | 28 | 26 | 29 | 30 | 32 |

**Tabela - 11: Efeito do nitrito de potássio na inibição de bactérias de deterioração do peixe pelo método de difusão em Agar**

| **Nitrito de potássio (µg ml $)^{-1}$** | **Diâmetro da zona de inibição (em mm)** | | | | |
|---|---|---|---|---|---|
| | ***V. cholerae*** | ***E. coli*** | ***P. fluorescens*** | ***5. typhi*** | ***S. aureus*** |
| 200 | NZ | NZ | NZ | 9 | 10 |
| 400 | NZ | NZ | 10 | 11 | 12 |
| 600 | 11 | 9 | 13 | 15 | 17 |
| 800 | 16 | 13 | 18 | 19 | 21 |
| 1000 | 20 | 18 | 21 | 22 | 24 |

NZ - Não Zona de inibição

**Tabela - 12: Efeito do metassulfito de sódio na inibição de bactérias de deterioração do peixe utilizando o método de difusão em Agar**

| Metassulfito de sódio ($\mu g\ ml)^{-1}$ | Diâmetro da zona de inibição (em mm) | | | | |
|---|---|---|---|---|---|
| | *V. cholerae* | *E. coli* | *P. fluorescens* | *S. typhi* | *S. aureus* |
| 200 | 14 | 13 | 16 | 18 | 20 |
| 400 | 18 | 15 | 19 | 20 | 22 |
| 600 | 20 | 18 | 24 | 26 | 28 |
| 800 | 28 | 25 | 30 | 32 | 33 |
| 1000 | 32 | 30 | 33 | 35 | 36 |

## 4.9. EFEITO DO METASSULFITO DE POTÁSSIO NAS BACTÉRIAS DE DETERIORAÇÃO DO PEIXE UTILIZANDO O MÉTODO DE DIFUSÃO EM POÇO DE ÁGAR

O efeito do metassulfito de potássio na inibição do crescimento de cinco bactérias de deterioração do peixe foi investigado e os resultados foram apresentados na Tabela - 13. O diâmetro da zona de inibição de todas as culturas bacterianas aumentou com o aumento das concentrações de metassulfito de potássio de 200 para 1000 $\mu g\ ml^{-1}$ . Não foi observada nenhuma zona de inibição a 200 $\mu g\ ml^{-1}$ contra *Vibrio cholerae* e *Escherichia coli.* O metassulfito de potássio apresentou uma zona de inibição máxima contra *Staphylococcus aureus* (28 mm), seguido de *Salmonella typhi* (26 mm), *Pseudomonas fluorescens* (25 mm) e *Vibrio cholerae* (24 mm). A menor zona de inibição foi observada em *Escherichia coli* (22 mm).

## 4.10. EFEITO DO BISSULFITO DE SÓDIO NAS BACTÉRIAS DE DETERIORAÇÃO DO PEIXE UTILIZANDO O MÉTODO DE DIFUSÃO EM ÁGAR

O efeito do bissulfito de sódio na inibição do crescimento de cinco bactérias de deterioração do peixe *viz., Escherichia coli, Vibrio cholerae, Staphylococcus aureus, Salmonella typhi* e *Pseudomonas fluorescens* foi estudado e os resultados foram mostrados na Tabela - 14. O diâmetro da zona de inibição de todas as culturas bacterianas aumentou com o aumento das concentrações de bissulfito de sódio de 200 a 1000 µg $ml^{-1}$ . Todas as concentrações mostraram uma zona inibitória contra todos os isolados bacterianos testados. Entre as cinco culturas bacterianas testadas, o bissulfito de sódio inibiu fortemente o crescimento de *Staphylococcus aureus*, mostrando uma zona de inibição de 36 mm, seguido de *Salmonella typhi* (33 mm), *Pseudomonas fluorescens* (31 mm) e *Vibrio cholerae* (30 mm). A menor zona de inibição foi observada em *Escherichia coli* (28 mm).

## 4.11. EFEITO DO BISULFITO DE POTÁSSIO SOBRE AS BACTÉRIAS DE ESPÓLAGOS DE PEIXE UTILIZANDO O MÉTODO DE DIFUSÃO EM POÇO DE AGAR (Ácido málico)

Foi testado o efeito do bissulfito de potássio na inibição do crescimento de cinco bactérias de deterioração do peixe e os resultados foram apresentados na Tabela - 15. O diâmetro da zona de inibição de todas as culturas bacterianas aumentou com o aumento das concentrações de bissulfito de potássio de 200 a 1000 µg $ml^{-1}$ . Não foi observada nenhuma zona de inibição a 200 µg $ml^{-1}$ contra *Vibrio cholerae* e *Escherichia coli.* O bissulfito de potássio apresentou uma zona de inibição máxima contra *Staphylococcus aureus* (27 mm), seguido de *Salmonella typhi* (25 mm), *Pseudomonas fluorescens* (24 mm) e *Vibrio cholerae* (23 mm). A menor zona de inibição foi observada em *Escherichia coli* (21 mm).

**Tabela - 13: Efeito do metassulfito de potássio na inibição de bactérias de deterioração do peixe pelo método de difusão em Agar**

| Metassulfito de potássio (µg ml $)^{-1}$ | Diâmetro da zona de inibição (em mm) | | | | |
|---|---|---|---|---|---|
| | *V. cholerae* | *E. coli* | *P. fluorescens* | *5. typhi* | *S. aureus* |
| 200 | NZ | NZ | 11 | 11 | 14 |
| 400 | 12 | 10 | 12 | 13 | 16 |
| 600 | 13 | 11 | 17 | 19 | 21 |

| 800 | 20 | 17 | 22 | 23 | 25 |
|---|---|---|---|---|---|
| 1000 | 24 | 22 | 25 | 26 | 28 |

NZ - Não Zona de inibição

**Tabela - 14: Efeito do bissulfito de sódio na inibição de bactérias de deterioração do peixe utilizando o método de difusão em Agar**

| Bissulfito de sódio ($\mu$g ml $)^{-1}$ | Diâmetro da zona de inibição (em mm) | | | | |
|---|---|---|---|---|---|
| | ***V. cholerae*** | ***E. coli*** | ***P. fluorescens*** | ***5. typhi*** | ***5. aureus*** |
| 200 | 13 | 12 | 15 | 17 | 19 |
| 400 | 17 | 14 | 18 | 19 | 21 |
| 600 | 19 | 17 | 23 | 25 | 27 |
| 800 | 26 | 23 | 28 | 30 | 31 |
| 1000 | 30 | 27 | 31 | 33 | 34 |

**Tabela - 15: Efeito do bissulfito de potássio na inibição de bactérias de deterioração do peixe pelo método de difusão em Agar**

| Bissulfito de potássio ($\mu$g ml $)^{-1}$ | Diâmetro da zona de inibição (em mm) | | | | |
|---|---|---|---|---|---|
| | ***V. cholerae*** | ***E. coli*** | ***P. fluorescens*** | ***A. typhi*** | ***A. aureus*** |
| 200 | NZ | NZ | 10 | 13 | 13 |
| 400 | 10 | 9 | 12 | 15 | 15 |
| 600 | 12 | 10 | 17 | 18 | 20 |
| 800 | 19 | 16 | 21 | 23 | 24 |
| 1000 | 23 | 21 | 24 | 25 | 27 |

NZ - Não Zona de inibição

# CAPÍTULO 5. DEBATE

Foi determinada a população de bactérias patogénicas em amostras de peixe cabra-amarela *(Sulphureus cuvier)* estragado, recolhidas em três locais diferentes. A carga bacteriana máxima foi registada no peixe estragado recolhido em Chidambaram (155 x $10^4$ ), seguido de Killai (146 x $10^4$ ) e Bhuvanagiri (140 x $10^4$ ). As contagens totais de bactérias viáveis neste estudo estão dentro do intervalo referido por Adams e Moss (2008); Shewan (1962); ICMSF (1980); e Liston *et al.* (1976); que, as cargas bacterianas na pele do peixe capturado podem variar entre centenas e milhões por centímetro quadrado ($10^2$ - $10^7$ números/$cm^2$ ) de pele. Gibson e Ogden (1987) e Dalgaard e Huss (1994) mostraram que o aumento lento das contagens pode ser causado pelo efeito do gelo, que retarda o crescimento dos microrganismos para menos de um décimo da taxa de crescimento ótimo.

No presente estudo, foram isolados e identificados cinco isolados bacterianos a partir de peixe de cabra amarelo estragado. A bactéria de deterioração - I foi identificada como *Escherichia coli*, a bactéria de deterioração - II foi identificada como *Vibrio cholerae, a* bactéria de deterioração - III foi identificada como *Staphylococcus aureus,* a bactéria de deterioração - IV foi identificada como *Salmonella typhi* e a bactéria de deterioração - V foi identificada como *Pseudomonas fluorescens.*

As bactérias psicrotróficas Gram negativas em forma de bastonete pertencentes aos géneros *Pseudomonas*, *Moraxella, Acinetobater, Shwewanella, Flavobacterium, Vibrio, Aeromonas* e *Micrococcus* dominam a microflora nas águas temperadas. Por outro lado, as bactérias Gram positivas como *Bacillus*, *Micrococcus*, *Clostridium*, *Lactobacillus* e *Corynebacterium* dominam em proporções variáveis nas águas de temperatura mais elevada (Liston, 1992; Hozbor, 2006; Gram *et al.,* 1990). A microflora dos peixes de água doce é dominada por *Aeromonas* spp. A microflora constituída por *Pseudomonas*, *Acinetobacter, Moraxella* e *Vibrio* foi registada em peixes recém-capturados em estudos realizados em águas marinhas tropicais da Índia (Surendran *et al.,* 1989; Huss, 1995). Os resultados dos estudos sugerem que os peixes de água doce têm uma carga de microflora semelhante à dos peixes de água temperada, com um número ligeiramente superior de bactérias Gram positivas e entéricas (Liston, 1980; Gram *et al.,* 1990).

Gram (1989) encontrou contagens totais viáveis de 5 x $10^7$ cfu/g e contagens de SSO de $10^4$ - $10^5$ cfu/g no final do tempo de armazenamento (3 semanas). No mesmo estudo, em filetes contaminados com *Pseudomonas,* as contagens de SSO foram de $10^8$ - $10^9$ cfu/g em 10 dias de armazenamento e permaneceram constantes durante o resto do tempo de armazenamento, o que está de acordo com o presente estudo. No presente estudo, as contagens mantiveram-se estáveis entre 20 e 23 dias de armazenamento. As contagens de Enterobacteriaceae foram constantes em torno de 4 log10 cfu/g durante os primeiros 17 dias de armazenamento, mas depois aumentaram para um valor estável de 8 $\log_{10}$ cfu/g no dia 18 até ao fim do tempo de armazenamento. A taxa de crescimento de Enterobacteriaceae pode ser mais lenta a baixas temperaturas (0 - 3°C) do que a de outros agentes de deterioração psicrotróficos Gram negativos (Chytiri *et al.*, 2004). Os organismos mesófilos, como as Enterobacteriaceae, requerem condicionamento durante a temperatura de armazenamento a frio antes de poderem crescer em grande número. Com base neste estudo, as Enterobacteriaceae podem ser consideradas como parte da microflora de deterioração dos filetes de perca do Nilo refrigerados. Do mesmo modo, Hozbor *et al.* (2006) e Fonnesbech *et al.* (2005) registaram Enterobacteriaceae em gelo de salmão fresco em condições de armazenagem aeróbica.

O crescimento de cinco bactérias deteriorantes de peixe diferentes foi estudado a diferentes níveis de pH, *nomeadamente* 4,0, 4,5, 5,0, 5,5, 6,0, 6,5, 7,0, 7,5, 8,0, 8,5 e 9,0 durante 48 horas. A densidade ótica a 580 nm de cinco bactérias deteriorantes de peixe em 48 horas aumentou com o aumento dos níveis de pH de 4,0 para 7,5 e depois diminuiu ligeiramente a pH 7,5 e 8,5. Foi registada uma maior densidade ótica a pH 7,5. O crescimento de cinco bactérias deteriorantes de peixe diferentes foi investigado a diferentes temperaturas, *a saber*, 0°C, 5°C, 10°C, 15°C, 20°C, 30°C, 40°C, 45°C, 50°C, 60°C durante 48 horas. A densidade ótica a 580 nm de cinco bactérias de deterioração do peixe aumentou nos níveis de temperatura de 0°C a 35°C e registou-se um maior peso a 30°C. Os resultados do presente estudo coincidiram com as conclusões de Jageethadevi *et al.* (2012).

Sperber (1983) referiu que o valor mínimo de $um_w$ necessário para o crescimento bacteriano variava entre 0,99 para organismos do tipo *Moraxella/Acinetobacter* e 0,86 para *Staphylococcus aureus.* Desde então, a tecnologia dos obstáculos surgiu com base na aplicação de factores de conservação combinados (denominados obstáculos) para impedir o crescimento microbiano e aumentar o prazo de validade (Leistner e Gorris, 1995). Os obstáculos mais importantes utilizados na conservação dos alimentos são: temperatura (alta ou baixa), atividade da água ($a_w$ ), acidez (pH), potencial redox (Eh), conservantes (nitrito, sorbato, sulfito) e microrganismos competitivos como as bactérias lácticas (Leistner, 2000).

Foi determinado o efeito do nitrito de sódio na inibição do crescimento de bactérias isoladas de amostras de peixe estragado. Todas as concentrações mostraram uma zona inibitória contra todos os isolados bacterianos testados. O nitrito de sódio apresentou uma zona de inibição máxima contra *Staphylococcus aureus* (32 mm), seguido de *Salmonella typhi* (30 mm), *Pseudomonas fluorescens* (29 mm) e *Vibrio cholerae* (28 mm). A menor zona de inibição foi observada em *Escherichia coli* (26 mm).

Os nitritos são normalmente adicionados sob a forma de sais (nitrito de sódio ou nitrito de potássio) juntamente com NaCl, ascorbato e eritorbato aos produtos à base de carne, aves de capoeira e peixe, como antimicrobiano contra a bactéria produtora de toxinas *Clostridium botulinum* e para realçar a cor (Ray, 2004). Para além do seu excecional efeito antibacteriano no controlo das bactérias anaeróbias *Clostridium botulinum, Staphylococcus aureus* e *Yersinia enterocolitica,* os sais de nitrito são extremamente eficazes no controlo da cor, do odor e da oxidação lipídica (Sindelar e Houser, 2009; Lovenklev *et al.,* 2004; Archer, 2002; De Giusti e De Vito, 1992; Roberts, 1975).

Foi analisado o efeito do nitrito de potássio na inibição do crescimento de bactérias isoladas de peixe estragado. Não foi observada nenhuma zona de inibição a 200 pg $ml^{-1}$ contra *Vibrio cholerae, Escherichia coli* e *Pseudomonas fluorescens* e a 400 pl $ml^{-1}$ concentração, não foi registada nenhuma zona de inibição contra *Escherichia coli* e *Vibrio cholerae.* O nitrito de potássio apresentou uma zona de inibição máxima contra

*Staphylococcus aureus* (24 mm), seguido de *Salmonella typhi* (22 mm), *Pseudomonas fluorescens* (21 mm) e *Vibrio cholerae* (20 mm). A menor zona de inibição foi observada em *Escherichia coli* (18 mm).

Foi demonstrado que a natureza bactericida não é a do nitrito por si só, mas sim a dos compostos dele derivados durante a preparação dos alimentos (Cammack *et al.,* 1999). O efeito antibacteriano do nitrito é reforçado a um pH mais baixo (5 - 6) e na presença de agentes redutores como o ascorbato e o eritorbato (Ray, 2004).

O dióxido de enxofre e os sais bissulfito de potássio, metabissulfito de potássio, bissulfito de sódio, metabissulfito de sódio e sulfito de sódio estão listados como GRAS no Código de Regulamentos Federais dos EUA, desde que não sejam utilizados em alimentos que são reconhecidos como fontes dietéticas importantes de tiamina (Walker, 1985).

Foi estudado o efeito do metassulfito de sódio na inibição do crescimento de bactérias isoladas de sumos de fruta. Todas as concentrações mostraram uma zona inibitória contra todos os isolados bacterianos testados. A zona de inibição máxima foi observada contra *Staphylococcus aureus* (36 mm), seguida de *Salmonella typhi* (35 mm), *Pseudomonas fluorescens* (33 mm) e *Vibrio cholerae* (32 mm). A menor zona de inibição foi observada em *Escherichia coli* (30 mm).

Foi investigado o efeito do metassulfito de potássio na inibição do crescimento de cinco bactérias de deterioração do peixe. Não foi observada nenhuma zona de inibição a 200 pg $ml^{-1}$ contra *Vibrio cholerae* e *Escherichia coli.* O metassulfito de potássio apresentou uma zona de inibição máxima contra *Staphylococcus aureus* (28 mm), seguido de *Salmonella typhi* (26 mm), *Pseudomonas fluorescens* (25 mm) e *Vibrio cholerae* (24 mm). A menor zona de inibição foi observada em *Escherichia coli* (22 mm).

Foi estudado o efeito do bissulfito de sódio na inibição do crescimento de cinco bactérias de deterioração do peixe. Todas as concentrações mostraram uma zona inibitória contra todos os isolados bacterianos testados. Entre as cinco culturas bacterianas testadas, o bissulfito de sódio inibiu fortemente o crescimento de

*Staphylococcus aureus*, mostrando 36 mm de zona de inibição, seguido de *Salmonella typhi* (33 mm), *Pseudomonas fluorescens* (31 mm) e *Vibrio cholerae* (30 mm). A menor zona de inibição foi observada em *Escherichia coli* (28 mm).

Foi testado o efeito do bissulfito de potássio na inibição do crescimento de cinco bactérias de deterioração do peixe. Não foi observada nenhuma zona de inibição a 200 $\mu g\ ml^{-1}$ contra *Vibrio cholerae* e *Escherichia coli.* O bissulfito de potássio apresentou uma zona de inibição máxima contra *Staphylococcus aureus* (27 mm), seguido de *Salmonella typhi* (25 mm), *Pseudomonas fluorescens* (24 mm) e *Vibrio cholerae* (23 mm). A menor zona de inibição foi observada em *Escherichia coli* (21 mm).

Omojowo *et al.* (2009) compararam os sais de metabissulfito e sorbato com uma concentração de 1-3% sobre a segurança e o prazo de validade do peixe-gato fumado. Relataram que ambos são bons na redução de *Escherichia coli* e *Streptococcus* sp. Também descobriram que o sorbato de potássio não teve qualquer efeito na contagem de *Staphylococcus* durante o período de armazenamento, enquanto que apenas 5% de metabissulfito de sódio foi capaz de reduzir a contagem de *Staphylococcus* para 0 e permaneceu 0 até ao fim de $8^{th}$ semanas de armazenamento.

# CAPÍTULO 6. RESUMO

❖ O peixe estragado (Yellow goat fish - *Sulphureus cuvier)* foi recolhido em três locais diferentes, *nomeadamente* no mercado de peixe de Chidambaram, em Killai e em Bhuvanagiri. As amostras de peixe estragado recolhidas foram conservadas no frigorífico a 4°C.

❖ Foi determinada a população de bactérias patogénicas em amostras de peixe cabra-amarela *(Sulphureus cuvier*) estragado, recolhidas em três locais diferentes. A carga bacteriana máxima foi registada no peixe estragado recolhido em Chidambaram (155 x $10^4$ ), seguido de Killai (146 x $10^4$ ) e Bhuvanagiri (140 x $10^4$ ).

❖ Foram isolados cinco isolados bacterianos diferentes das amostras de peixe de cabra amarela estragado. Em Chidambaram, observou-se a presença de Spoilage Bacteria - I e Spoilage Bacteria - II. Em Killai, foram registadas Bactérias de deterioração - III e Bactérias de deterioração - IV. Em Bhuvanagiri, foi isolada a bactéria de deterioração - V.

❖ Foram isolados e identificados cinco isolados bacterianos a partir de peixe de cabra amarelo estragado. A bactéria de deterioração - I foi identificada como *Escherichia coli,* a bactéria de deterioração - II foi identificada como *Vibrio cholerae,* a bactéria de deterioração - III foi identificada como *Staphylococcus aureus*, a bactéria de deterioração - IV foi identificada como *Salmonella typhi* e a bactéria de deterioração - V foi identificada como *Pseudomonas fluorescens.*

❖ O crescimento de cinco bactérias deteriorantes de peixe diferentes foi estudado a diferentes níveis de pH, *nomeadamente* 4,0, 4,5, 5,0, 5,5, 6,0, 6,5, 7,0, 7,5, 8,0, 8,5 e 9,0 durante 48 horas. A densidade ótica a 580 nm de cinco bactérias deteriorantes de peixe em 48 horas aumentou com o aumento dos níveis de pH de 4,0 para 7,5 e depois diminuiu ligeiramente a pH 7,5 e 8,5. Foi registada uma maior densidade ótica a pH 7,5.

❖ O crescimento de cinco bactérias deteriorantes de peixe diferentes foi investigado a diferentes temperaturas, *nomeadamente,* 0°C, 5°C, 10°C, 15°C, 20°C, 30°C, 40°C,

45°C, 50°C, 60°C durante 48 horas. A densidade ótica a 580 nm de cinco bactérias de deterioração do peixe aumentou com os níveis de temperatura de 0°C a 35°C e registou-se um maior peso a 30°C.

❖ O efeito dos conservantes químicos na inibição de bactérias patogénicas foi estimado pelo método de difusão em Agar. O diâmetro da zona de inibição de todas as culturas bacterianas aumentou com o aumento das concentrações de conservantes químicos de 200 para 1000 µl ml $.^{-1}$

❖ Foi determinado o efeito do nitrito de sódio na inibição do crescimento de bactérias isoladas de amostras de peixe estragado. Todas as concentrações mostraram uma zona inibitória contra todos os isolados bacterianos testados. O nitrito de sódio apresentou uma zona de inibição máxima contra *Staphylococcus aureus* (32 mm), seguido de *Salmonella typhi* (30 mm), *Pseudomonas fluorescens* (29 mm) e *Vibrio cholerae* (28 mm). A menor zona de inibição foi observada em *Escherichia coli* (26 mm).

❖ Foi analisado o efeito do nitrito de potássio na inibição do crescimento de bactérias isoladas de peixe estragado. Não foi observada nenhuma zona de inibição a 200 µg $ml^{-1}$ contra *Vibrio cholerae, Escherichia coli* e *Pseudomonas fluorescens* e a 400 µl $ml^{-1}$ concentração, não foi registada nenhuma zona de inibição contra *Escherichia coli* e *Vibrio cholerae*. O nitrito de potássio apresentou uma zona de inibição máxima contra *Staphylococcus aureus* (24 mm), seguido de *Salmonella typhi* (22 mm), *Pseudomonas fluorescens* (21 mm) e *Vibrio cholerae* (20 mm). A menor zona de inibição foi observada em *Escherichia coli* (18 mm).

❖ Foi estudado o efeito do metassulfito de sódio na inibição do crescimento de bactérias isoladas de sumos de fruta. Todas as concentrações mostraram uma zona inibitória contra todos os isolados bacterianos testados. A zona máxima de inibição foi observada contra *Staphylococcus aureus* (36 mm), seguida por *Salmonella typhi* (35 mm), *Pseudomonas fluorescens* (33 mm) e *Vibrio cholerae* (32 mm). A menor zona de inibição foi observada em *Escherichia coli* (30 mm).

❖ Foi investigado o efeito do metassulfito de potássio na inibição do crescimento de cinco bactérias de deterioração do peixe. Não foi observada nenhuma zona de inibição a 200 μg $ml^{-1}$ contra *Vibrio cholerae* e *Escherichia coli*. O metassulfito de potássio apresentou uma zona de inibição máxima contra *Staphylococcus aureus* (28 mm), seguido de *Salmonella typhi* (26 mm), *Pseudomonas fluorescens* (25 mm) e *Vibrio cholerae* (24 mm). A menor zona de inibição foi observada em *Escherichia coli* (22 mm).

❖ Foi estudado o efeito do bissulfito de sódio na inibição do crescimento de cinco bactérias de deterioração do peixe. Todas as concentrações mostraram uma zona inibitória contra todos os isolados bacterianos testados. Entre as cinco culturas bacterianas testadas, o bissulfito de sódio inibiu fortemente o crescimento de *Staphylococcus aureus*, mostrando uma zona de inibição de 36 mm, seguido de *Salmonella typhi* (33 mm), *Pseudomonas fluorescens* (31 mm) e *Vibrio cholerae* (30 mm). A menor zona de inibição foi observada em *Escherichia coli* (28 mm).

❖ Foi testado o efeito do bissulfito de potássio na inibição do crescimento de cinco bactérias de deterioração do peixe. Não foi observada nenhuma zona de inibição a 200 μg $ml^{-1}$ contra *Vibrio cholerae* e *Escherichia coli*. O bissulfito de potássio apresentou uma zona de inibição máxima contra *Staphylococcus aureus* (27 mm), seguido de *Salmonella typhi* (25 mm), *Pseudomonas fluorescens* (24 mm) e *Vibrio cholerae* (23 mm). A menor zona de inibição foi observada em *Escherichia coli* (21 mm).

Entre os agentes patogénicos testados, verificou-se que *o Staphylococcus aureus* era mais suscetível aos conservantes químicos e *a Escherichia coli* era menos suscetível.

# CAPÍTULO 7. CONCLUSÃO

O presente estudo conclui que os conservantes químicos são de eficácia predominante na preservação do peixe estragado (peixe-cabra amarelo - *Sulphureus cuvier)* dos isolados bacterianos. Os diferentes conservantes químicos, *nomeadamente* o nitrito de sódio, o nitrito de potássio, o bissulfito de sódio, o metassulfito de sódio, o bissulfito de potássio e o metassulfito de potássio, são eficazes no controlo de bactérias causadoras de deterioração do peixe, como *Escherichia coli, Vibrio cholerae, Staphylococcus aureus, Salmonella typhi* e *Pseudomonas fluorescens.* O metassulfito de sódio foi altamente eficaz no controlo de bactérias causadoras de deterioração do peixe quando comparado com outros conservantes químicos. Entre os agentes patogénicos testados, verificou-se que *Staphylococcus aureus* era mais suscetível aos conservantes químicos e *Escherichia coli* era menos suscetível.

# APÊNDICE

| AGAR NUTRICIONAL | Gramas/litro |
|---|---|
| Extrato de carne de bovino | 0.3 |
| Extrato de levedura | 0.3 |
| $NaCl_2$ | 0.5 |
| Peptona | 0.5 |
| Ágar | 2.0 |
| Água destilada | 1000 |
| pH | 7.0 |

| ÁGAR AZUL DE EOSINA E METILENO (EMB) | Gramas/litro |
|---|---|
| Peptona | 10 |
| Fosfato Dipotássico | 2.0 |
| Lactose | 5.0 |
| Sacarose | 5.0 |
| Eosina-Y | 0.40 |
| Azul de metileno | 0.065 |
| Ágar | 15 |
| pH | 7.2 ±0.2 |

| ÁGAR-SAL DE MANITOL | Gramas/litro |
|---|---|
| Proteose Peptona | 10 |
| Extrato de carne de bovino | 1 |
| Cloreto de sódio | 75 |
| D-Manitol | 10 |
| Vermelho de fenol | 0.025 |

| | |
|---|---|
| Ágar | 15 |
| pH | 7.4 ±0.2 |

| ***Salmonella Shigella*** **AGAR** | **Gramas/litro** |
|---|---|
| Peptona | 5 |
| Extrato de carne de bovino | 5 |
| Lactose | 10 |
| Mistura de sais biliares | 8.50 |
| Citrato de sódio | 10 |
| Tiossulfato de sódio | 8.50 |
| Citrato férrico | 1 |
| Verde Brilhante | 0.033 |
| Vermelho neutro | 0.025 |
| Ágar | 15 |
| pH | 7.0 ±0.2 |

| **KING'S B MEDIUM** | **Gramas/litro** |
|---|---|
| Peptona | 20 |
| Di-hidrogenofosfato de potássio | 1.5 |
| Sulfato de magnésio | 1.5 |
| Glicerol | 10.0 |
| Ágar | 15.0 |
| pH | 7.2 ± 0.2 |

| **AGAR DE SAL BILIAR DE CITRATO DE TIOSSULFATO** | **Gramas/litro** |
|---|---|
| Peptona | 10 |
| Cloreto de sódio | 10 |

| | |
|---|---|
| Extrato de levedura | 5 |
| Tiossulfato de sódio | 10 |
| Citrato de sódio | 10 |
| Tauracolato de sódio | 5 |
| Citrato férrico | 1 |
| Azul de Brothymol | 0.04 |
| Azul de timol | 0.04 |
| Ágar | 15 |
| pH | 8.6 ± 0.2 |

| **MAC CONKEY AGAR** | **Gramas/litro** |
|---|---|
| Peptona | 20 |
| Lactose | 1.0 |
| Taurocholato de sódio | 0.2 |
| Cloreto de sódio | 0.5 |
| Vermelho neutro | 0.03 |
| Ágar | 15 |
| pH | 7.2 ±0.2 |

| **ÁGAR CITRATO DE SIMMONS** | **Gramas/litro** |
|---|---|
| Cloreto de sódio | 5.0 |
| Sulfato de magnésio | 0.2 |
| Di-hidrogenofosfato de amónio | 1.0 |
| Fosfato dipotássico | 1.0 |
| Citrato de sódio | 2.0 |
| Azul de bromofenol | 0.08 |

| | |
|---|---|
| Água destilada | 1000 ml |
| pH | 6.9 |

| **ÁGAR UREIA DE CHRISTENSEN** | **Gramas/litro** |
|---|---|
| Peptona | 0.1 |
| Glicose | 0.1 |
| Cloreto de sódio | 0.5 |
| Fosfato monopotássico | 0.2 |
| Vermelho de fenol (1,2%) | 1,0 ml |
| Ágar | 2 |
| pH | 6.8 |

| **METHYL RED-VOGES PROSKAUER (MR-VP)** | **Gramas/litro** |
|---|---|
| Peptona | 7.0 |
| Glicose | 5.0 |
| Hidrogénio fosfato dipotássico | 5.0 |
| Água destilada | 1000 |
| pH | 6.9 |

**MÉDIO INDOLE**

| | |
|---|---|
| Triptona | 10 |
| Cloreto de sódio | 5 |
| D-triptofano | 1 |
| Água destilada | 1000 |
| pH | 7.0 |

**REAGENTES PARA COLORAÇÃO DE GRAM**

**Cristal violeta**

**SOLUÇÃO-A**

| | |
|---|---|
| Violeta cristal (96%) | 20 g |
| Álcool etílico | 20 ml |

**SOLUÇÃO-B**

| | |
|---|---|
| Oxalato de amónio | 0.8 g |
| Água destilada | 80,0 ml |

As soluções A e B devem ser misturadas.

**Iodo de Gram**

| | |
|---|---|
| Cristais de iodo | 2.0 g |
| Hidróxido de sódio | 100 ml |
| Água destilada | 90,0 ml |

**Saffranine**

| | |
|---|---|
| Saffranine | 1.0 g |
| Álcool absoluto ou | |
| Espírito rectificado | 10,0 ml |
| Água destilada | 90,0 ml |

**REAGENTES UTILIZADOS PARA A COLORAÇÃO DE ESPOROS**

**SOLUÇÃO-A**

| | |
|---|---|
| Verde malaquite | - 5 g |
| Água destilada | -1000 ml |

**SOLUÇÃO-B**

| | |
|---|---|
| Safranina | -0.5g |
| Água destilada | -1000 ml |

**REAGENTE DE KOVAC**

p-dimetilamino benzaldeído - 5 g

Hcl concentrado -25 g

Álcool etílico -75 ml

**INDICADOR VERMELHO DE METILO**

Vermelho de metilo -0,1 ml

Etanol a 95% -300 ml

Água destilada -200 ml

Dissolver primeiro o vermelho de metilo em álcool e depois adicionar água destilada. Conservar em frasco castanho a 4°C.

**REAGENTE DE ENSAIO VP (REAGENTE DE BARRIT)**

**SOLUÇÃO-A**

Alfa naftol -5 g

Álcool absoluto -100 ml

**SOLUÇÃO-B**

Hidróxido de potássio -40 g

Água destilada -100 ml

As soluções A e B foram misturadas.

**REAGENTE DE CATALASE**

3 % $H\ O_{2\ 2}$

**REAGENTE DE OXIDASE**

NNN, tetrametil parafenileno

Dihidrocloreto de diamina -10 g

Água destilada -1000 ml

# REFERÊNCIAS

Abbas, K.A., A. M. Saleh, A. Mohamed e O. Lasekan. 2009. A relação entre a atividade da água e a deterioração do peixe durante a armazenagem a frio: A review. *Journal of Food, Agriculture and Environment,* 7: 86 -90.

Abraham, T. J. 2011. Perigos para a segurança alimentar relacionados com bactérias resistentes a antibióticos emergentes em peixes de água doce cultivados em Calcutá, Índia. *Jornal Avançado de Ciência e Tecnologia Alimentar,* 3: 69 - 72.

Adams, M. R e M. O. Moss. 2008. Food Microbiology, Third Edition. The Royal Society of Chemistry, Thomas Graham House, Science Park, Milton Road, Cambridge CB4 0WF, Reino Unido.

Adebowale, B. A., L. N. Dongo, C. O. Jayeola e S. B. Orisajo. 2008. Avaliação comparativa da qualidade do peixe *(Clarias gariepnius)* fumado com casca de cacau e três outros materiais de fumagem diferentes. *Jornal de Tecnologia Alimentar,* 6: 5 - 8.

Agbon, A. O., G. N. O. Ezeri, B. N. Ikenwiewe, N. O. Alegbleye e D. T. Akomolade. 2002. A comparative study of different storage methods on the shelf life of smoked current fish. *Journal of Aquatic Science,* 17(2): 134 - 136.

Akinneye, J. O., I. A. Amoo e S. T. Arannilewa. 2007. Efeito dos métodos de secagem na composição nutricional de três espécies de *Bonga* sp., *Sardinella* sp. e *Heterotis niloticus*. *Journal of Fisheries International*, 2(1): 99 - 103.

Akinola, O. A., A. A. Akinyemi e B. O. Bolaji. 2006. Avaliação dos sistemas de secagem tradicionais e solares para melhorar o armazenamento e a conservação do peixe na Nigéria Abeokuta local government as a case study. *Journal of Fisheries International*, 1: 44 - 49.

Akinyemi, A. A e O. O. Buoro. 2011. Ocorrência de bactérias encontradas nas brânquias, pele, cavidade bucal de *Lutjanus agennes, P seudotolithus elongatus* e *Sphyraena barracuda* da Lagoa de Lagos, Nigéria.

Al Jufaili, M. S e L. U. Opara. 2006. Status of fisheries postharvest industry in the Sultanate of Oman: Sistema de manuseamento e comercialização de peixe fresco.

*Journal of Fisheries International,* 1(2 - 4): 144 -149.

AMEC. 2003. Management of wastes from Atlantic seafood processing operations (Gestão de resíduos de operações de transformação de marisco no Atlântico). AMEC Earth and Environmental Limited, Dartmouth, Nova Escócia, Canadá.

Amos, B. 2007. Análise da deterioração da qualidade em etapas/pontos críticos no manuseamento de peixe no Uganda e na Islândia e sugestões de melhoria. Universidade das Nações Unidas, Uganda.

AMT. 1997. Índice de peróxidos. Meat Research Corporation, Australian Meat Technology, Austrália.

Anderson, M. L e E. M. Ravesi. 1969. Reacções de ácidos gordos livres com proteínas em músculo de bacalhau congelado e armazenado a -26°C após envelhecimento em gelo. *Journal of Fisheries International*, 26: 2727 - 2736.

Aoki, T e R. Ueno, 1998. Involvement of cathepsins B and L in the post-mortem autolysis of mackerel muscle. *Food Research International,* 30: 585 - 591.

Arannilewa, S. T., S. O. Salawu, A. A. Sorungbel e B. B. Ola Salawu, 2005. Efeito do período de congelação na qualidade química, microbiológica e sensorial da tilápia congelada *(Sarotherodun galiaenus). Jornal Africano de Biotecnologia,* 4: 852 - 855.

Archer, D. L. 2002. Evidence that ingested nitrate and nitrite are beneficial to health. *Journal of Food Protection*, 65: 872 - 875.

Archer, D. L. 2004. Congelamento: Uma tecnologia de segurança alimentar subutilizada? *Jornal Internacional de Microbiologia Alimentar,* 90: 127 - 138.

Ashie, I. N. A., J. P. Smith, B. K. Simpson e N. F. Haard. 1996. Spoilage and shelf - life extension of fresh fish and shellfish. *Critical Reviews in Food Science and Nutrition,* 36: 87 - 121.

Audley, M. A., K. J. Shetty e J. E. Kinsella. 1978. Isolamento e propriedades da fosfilase A do músculo de Pollock. *Journal of Food Science,* 43: 1771 - 1775.

Bagamboula, C. F., M. Uyttendaele e J. Debevere. 2004. Efeito inibitório dos óleos essenciais de tomilho e manjericão, carvacrol, timol, estragol, linalol e pcimeno em relação a *Shigella sonnei* e *Shigella flexneri*. *Food Microbiology,* 21: 33 - 42.

Baird Parker, T. C. 2000. The production of microbiologically safe and stable foods. In Fish spoilage bacteria - problems and solutions by Gram *et al.,* 2002. Elsevier Science Ltd. *Parecer atual em Biotecnologia,* 1(3): 262 - 266.

Bakermans, C e M. L. Skidmore. 2011. Metabolismo microbiano em gelo e salmoura a - 5°C. Environ. Microbiol., (In Press) 10.1111/j.1462-2920.2011.02485.x

Ballesteros, S. A., J. Chirife e J. P. Bozzini. 1993. Efeitos específicos dos solutos nas células de *Staphylococcus aureus* sujeitas a uma atividade hídrica reduzida. *International Journal of Food Microbiology,* 20: 51 - 66.

Banks, J. G e R. G. Board. 1982. Sulphite inhibition of Enterobacteriaceae including salmonella in British fresh sausage and in culture systems. *Journal of Food Protection,* 45: 1292 - 1297.

Barile L. E, M. Estrada, H. Miller, A. Relley e A. Villadsen. 1985. Padrões de deterioração da cavala (*Rastrelliger faughni*) 2. deterioração mesofílica versus psicrofílica de peixes tropicais. *ASEAN Food Journal,* 3 (33): 121 - 137.

Beal, C., F. Fonseca e G. Corrieu. 2001. A resistência à congelação e ao armazenamento congelado de *Streptococcus thermophilus* está relacionada com a composição de ácidos gordos da membrana. *Journal of Dairy Science,* 84: 2347 - 2356.

Berkel, B. M., B. V. Boogaard e C. Heijnen, 2004. Preservation of Fish and Meat (Conservação de Peixe e Carne). Fundação Agromisa, Wageningen, Países Baixos, ISBN: 90-72746-01-9 pp: 78-80.

Border, P e M. Norton. 1997. Safer eating: microbiological food poisoning and its prevention. The Parliamentary Office of Science and Technology, Londres.

Borgstrom, G. 1968. Principles of Food Science: Food Technology. The Macmillan Company, Nova Iorque, ISBN: 9543491087, pp: 206 - 241.

Bragadeeswaran, S e S. Thangaraj. 2011. Estudos hemolíticos e antibacterianos sobre o muco cutâneo do peixe enguia, *Anguilla anguilla* Linnaues. *Jornal Asiático de*

*Ciências Biológicas*, 4: 272 - 276.

Brul, S e P. Coote. 1999. Agentes conservantes em alimentos: modo de ação e mecanismos de resistência microbiana. *Jornal Internacional de Microbiologia Alimentar*, 50: 1 - 17.

Cabrer, A. I., M. R. Casales e M. I. Yeannes. 2002. Alterações físico-químicas da carne de biqueirão *(Engraulis cinchona)* durante a marinação. *Journal of Aquatic Food Production Technology*, 11: 19 - 30.

Cammack, R., C. L. Joannou, X. Y. Cui, C. Torres Martinez, S. R. Maraj e M. N. Hughes. 1999. Nitrito e compostos de nitrosilo na conservação de alimentos. *Biochimica et Biophysica Ata,* 1411: 475 - 488.

Cassens, R. G. 1994. Meat Preservation, Preventing Losses and Assuring Safety. 1st Edn., Food and Nutrition Press, Inc., Trumbull, Connecticut, EUA, ISBN: 0917678346, pp: 402 - 451.

Chang, K. L. B., J. J. Chang, C. Y. Shiau, B. S. Pan. 1998. Biochemical microbiological and sensory changes of sea bass *(Lateolabrax japonicus)* under partial freezing and refrigerated storage. *Journal of Agricultural and Food Chemistry,* 46(2): 682 - 686.

Chawla, S. P., R. Chander e A. Sharma. 2006. Tripa natural segura e estável na prateleira utilizando a tecnologia hurdle. *Food Control,* 17: 127 - 131.

Chipley, J. R. 2005. Benzoato de Sódio e Ácido Benzoico. In: Antimicrobials in Food. 3rd Edn., Davidson, P.M., J.N. Sofos e A.L. Branen (Eds.). CRC Press, FL, ISBN: 92 4 153026 X, pp. 11 - 48: 11 - 48.

Chirife, J. 1994. Efeitos específicos do soluto com especial referência a *Staphylococcus aureus*. *Jornal de Engenharia Alimentar,* 22: 409 - 419.

Chowdhury, M. H e K. L. Maharjan. 2001. Pond fish production through people's participation in rural Bangladesh. *Journal of International Development and Cooperation*, 7: 11 - 28.

Chytiri, S., I. Chouriara, I. N. Savvaidis e M. G. Kontominas, M. G. 2004. Microbiological, chemical and sensory assessment of iced whole and filleted rainbow trout. *Journal of Food Microbiology,* 2(1): 157 - 165.

Clucas, I. J e P. J. Sctcliffe. 1987. An introduction to fish handling and processing. Relatório do Instituto de Produtos Tropicais, pp: 143 - 186.

Connell, J. J. 1995. Control of Fish Quality. Quarta edição. Fishing News Book. Áustria. pp 37 - 64.

Connell, J. J. 1975. Control of fish quality. Fishing News (Books) Ltd., Farnham, Surrey, Reino Unido.

Cowel, R. R e J. Liston. 1962. Bacteria flora for seven species collected from Rongelap and Eninotek Atols. *Pacific Science,* 5(16): 264 - 270.

CSIRO. 2005. Atividade da água. CSIRO Food and Nutritional Sciences Fact Sheet. CSIRO Food and Nutritional Science, North Ryde, Austrália.

Dqbrowski, W., K. Rozycka Kasztelan, K. Czeszejko e D. M^drala. 2002. Microflora de arenque com baixo teor de sal ii. A influência do benzoato de sódio na microflora do arenque com baixo teor de sal. *Jornal eletrónico da Universidade Agrícola Polaca,* 5: 14.

Dalgaard, P e H. H. Huss. 1994. Modelação matemática utilizada para avaliação e previsão da deterioração microbiana do peixe. In: D.E. Kramer, F. Shahidi e Y. Jones (eds.).

Dalgaard, P. 2000. Marisco fresco e ligeiramente conservado. Em Shelf-Life Evaluation of Foods. $2^{nd}$ ed. Editado por Man CMD, Jones AA. London: Aspen Publishers, Inc. 110 - 139.

Dalgaard, P., L. Gram e H. H. Huss. 1993. Deterioração e prazo de validade de filetes de bacalhau embalados em vácuo ou em atmosferas modificadas. *International Journal of Food Microbiology,* 19(4): 283 - 294.

Dalgaard, P., H. L. Madsen, N. Samieian e J. Emborg. 2006. Biogenic amine formation and microbial spoilage in chilled garfish (*Belone belone*) effect of modified atmosphere packaging and previous frozen storage. *Journal of Applied Microbiology,* 101: 80 - 95.

Davidson, P. M. 1993. Parabenos e compostos fenólicos. In: Antimicrobials in Food, Davidson, P.M. e A.L. Branen (Eds.), 2nd Edn., Marcel Dekker, NY, ISBN: 0-8247-8906-7, pp. 291 - 304: 291 - 304.

De Giusti, M e E. De Vito. 1992. Inativação de *Yersinia entercolitica* por nitrito e nitrato nos alimentos. *Food Additives Contaminants*, 9: 405 - 408.

De Wit, J. C e F. M. Rombouts. 1990. Antimicrobial activity of sodium lactate. *Food Microbiology*, 7: 113 - 120.

Decker, E. A e Z. Xu. 1998. Minimizando a rancidez em alimentos musculares. *Food Technology*, 52: 54 - 59.

Delgade, C. L., M.W.N. Wada, S.M. Rosegran e M. Ahmed. 2003. Fish for 2020: Supply and demand in changing global markets. International Food Policy Research Institute, Washington, D.C. e World Fish Centre, Penanng, Malásia.

DJC. 2009. Lei sobre Alimentos e Medicamentos. Departamento de Justiça, Canadá.

Doores, S. 2005. Ácidos orgânicos. In: Antimicrobials in Food. Davidson, P.M., J.N. Sofos e A.L. Branen (Eds.), 3rd Edn., CRC Press, FL., ISBN: 0-8247- 40378, pp. 91-142: 91-142.

Doyle M. P. 1990. Pathogenic *Escherichia coli*, *Yersinia enterocolitica* and *Vibrio parahaemolyticus*. *The Lancent*, 336: 111 - 115.

Doyle, M. E. 2007. Microbial food spoilage - Losses and control strategies, (A brief review of the Literature), FRI Briefings.

Dyett, E. J e D. Shelley. 1966. The effects of sulphite conservative in British fresh sausages. *Journal of Applied Bacteriology,* 29: 439 - 446.

Edem, D.O. 2009. Vitamina A: Uma revisão. *Jornal Asiático de Biologia Clínica e Nutricional,* 1: 65 - 82.

Efluvwevwere, B.J.O. e M. O. Ajiboye. 1996. Controlo da qualidade microbiológica e do prazo de validade do peixe-gato *(Clarias gariepinus)* através de conservantes químicos e fumagem. *Journal of Applied Bacteriology,* 80: 465 -470.

Emborg, J., B. G. Laursen e P. Dalgaard. 2005. Formação significativa de histamina no atum *(Thunnus albacares')* a 2°C: Efeito do vácuo e da embalagem em atmosfera modificada nas bactérias psicrotolerantes. *Jornal Internacional de Microbiologia Alimentar*, 101: 263 - 279.

Emokpae, A. O. 1979. Avaliação organoléptica da qualidade do peixe fresco. Instituto Nigeriano de Oceanografia e Investigação Marinha (NIOMR) Occasional Paper, No.12, pp: 1-4.

Engvang, K. e H. H. Nielsen. 2001. Proteólise em salmão fresco e fumado a frio durante a conservação a frio: Efeitos do tempo de armazenamento e do processo de fumagem. *Journal of Food Biochemistry*, 25: 379 - 395.

Erkan, N e O. Ozden. 2006. Robalo *(Dicentrarchus labrax)* eviscerado e não eviscerado armazenado em gelo: Influência na qualidade do peixe e no prazo de validade. *International Journal of Food Properties,* 9: 331 - 345.

FAO. 1985. Fonte de energia renovável. Série de Relatórios Técnicos da FAO, No.8.

FAO, 1973. Código de práticas para o peixe fresco. FAO Fisheries Circulation No. C318, Organização das Nações Unidas para a Alimentação e a Agricultura, Roma, Itália.

FAO, 1986. Documentos técnicos sobre pescas-T142. A produção de farinha e óleo de peixe. Divisão das Indústrias da Pesca, Organização das Nações Unidas para a Alimentação e a Agricultura, Roma, Itália.

FAO. 2005. Alterações pós-colheita do peixe. In: Departamento de Pescas e Aquacultura da FAO, Organização das Nações Unidas para a Alimentação e a Agricultura, Roma, Itália.

FDA. 2009. Alimentos - Geralmente Reconhecidos como Seguros (GRAS). U.S. Food and Drug Administration, EUA.

Fonnesbech V. B., K. Venkateswaran, M. satomi e L. Gram. 2005. Identificação de *Shewanella baltica* como a espécie produtora de $H_2$ S mais importante durante o armazenamento refrigerado de peixe marinho dinamarquês. *Applied Environmental*

*Microbiology,* 7(1): 6689 - 6697.

Frankel, E. N. 1985. Química dos radicais livres e oxidação singlete dos lípidos. Progress. *Lipid Research,* 23: 197 - 221.

Fraser, O e S. Sumar. 1998. Alterações da composição e deterioração do peixe. *Nutritional Food Science*, 5: 275 - 279.

Frazier, W. C e D. C. Westhoff. 1988. Food Microbiology, 4$^{th}$ (Ed.). McGraw - Hill book Co. Singapore. Pp: 83 - 84.

Fung, D.Y.C., R. Hart e V. Chain. 1987. Métodos rápidos e procedimentos automatizados para avaliação microbiológica de marisco. In: D.E. Kramer e J. Liston (eds.) Seafood Quality Determination. Proceedings of an International Symposium coordinated by the University of Alaska Sea Grant College Program, Anchorage, Alaska, USA, 10 - 14 November 1986. Elsevier, Amesterdão, 247 - 253.

Garthwaite, G. A. 1997. Tecnologia de Processamento de Peixe. In: Blackie Academic and Professional, Hall, G.M. (Ed.), 2$^{nd}$ Edn., Chapman and Hall, London, UK, ISBN: 0 7514 0273 7, pp: 98.

George, R. M. 1993. Processamento de congelação utilizado na indústria alimentar. Trends in *Food Science Technology,* 4: 134 - 138.

Gibson D. M e I. D. Ogden. 1987. Estimating shelf life of packaged fish. In Kramer D. E., Liston J., (Eds.), Seafood quality determination, proceedings of the international symposium on seafood quality determination, 10-14 de novembro de 1986, Anchorage, Alasca, EUA, pp. 437 - 451.

Gildberg, A e J. Raa. 1980. Tissue Degradation and Belly Bursting in Capelin. In: Advances in Fish Science and Technology, Connell, J. (Ed.). Fishing News Books Ltd, England, ISBN: 10: 0852381085 pp: 255-258.

Gillespie N. C e I. C. MacRae. 1975. The bacterial flora of some queenesland fish and its ability to cause spoilage. *Journal of Applied Bacteriology*, 39: 91 - 100.

Gorzyka, E e Pek Poh Len. 1985. Mesophilic spoilage of bay trout (*Arripis trutta*), bream *(Acanthropagrus butcheri)* and mullet *(Aldrichetta forsterri).* Reilley A (Eds),

FAO fish report (317) suppl. 474p., 123 - 132.

Graham, J. 1982. Armazenamento a frio. In: Fish Handling and Processing, Aitken, A., I.M. Mackie, J.H. Merritt and M.L. Windsor (Eds.), 2nd Edn., Tony Research Station, Edinburgh, UK, ISBN: 10: 0114917418, pp: 2 - 78.

Gram, L., Christina Wedell Neergaard e H. H. Huss. 1990. The bacteriology of fresh and spoiling Lake Victoria Nile perch (Lates niloticus). *Jornal Internacional de Microbiologia Alimentar*, 10: 303 - 316.

Gram, L e H. H. Huss. 2000. Peixe e marisco fresco e transformado. In: The Microbiological Safety and Quality of Foods, Lund, B.M., A.C. Baird-Parker e G.W. Gould (Eds.). Chapman and Hall, Londres, ISBN: 10: 0834213230, pp: 472-506.

Gram, L e H. H. Huss. 1996. Microbial spoilage of fish and fish products. *International Journal of Food Microbiology,* 33: 121 - 137.

Gram, L e P. Dalgaard. 2002. Fish spoilage bacteria problems and solutions. *Current Opinion Biotechnology*, 13: 262 - 266.

Gram, L. 1989. Identificação, caraterização e inibição de bactérias isoladas de peixes tropicais. Tese de doutoramento. Laboratório Tecnológico do Ministério das Pescas dinamarquês e Universidade Real de Veterinária e Agricultura.

Gram, L. 1992. Avaliação da qualidade bacteriológica do marisco. *Journal of Food Microbiology*, 16: 25 - 39.

Gram, L., L. Ravn, M. Rasch, J. B. Bruhn, A. B. Christensen e M. Givskov. 2002. Food spoilage-interactions between food spoilage bacteria. *International Journal of Food Microbiology,* 7(8): 79 - 97.

Hansen, T. L., T. Gill, S. D. Rontved e H. H. Huss. 1996. Importância da autólise e da atividade microbiológica na qualidade do salmão fumado a frio. *Food Research International*, 29: 181 - 186.

Hazan, R., A. Levine e H. Abeliovich. 2004. O ácido benzoico, um conservante alimentar de ácido orgânico fraco, exerce efeitos específicos nas vias de tráfico da membrana intracelular em *Saccharomyces cerevisiae*. *Applied Environmental*

*Microbiology*, 70:4449 - 4457.

HC. 2006. Documento de orientação sobre boas práticas de fabrico. Health Canada, Ottawa, Canadá.

Herbert, R. A e J. M. Shewan. 1975. Precursores dos sulfuretos voláteis no bacalhau do Mar do Norte *(Gadus morhua)* em decomposição. *Journal of Science and Food Agriculture,* 27: 1195 - 1202.

Hidalgo, M. C., E. Urea e A. Sanz. 1999. Estudo comparativo de enzimas digestivas em peixes com diferentes hábitos nutricionais. Actividades proteolíticas e de amilase. *Aquaculture,* 170: 267 - 283.

Hobbs, G. 1982. Changes in Fish After Catching. In: Fish Handling and Processing, Aitkin, I.M. Mackie and J.H. Merritt (Eds.), 2nd Edn., Tony Research Station, Edinburgh, UK, ISBN: 10: 0114917418, pp. 20 - 27: 20 - 27.

Houtsma, P. C., J. C. de Wit e F. M. Rombouts. 1993. Concentração inibitória mínima (CIM) de lactato de sódio para agentes patogénicos e organismos de deterioração que ocorrem em produtos à base de carne. *International Journal Food Microbiology*, 20: 247 - 257.

Hovda, M. B. 2007. Aplicação de PCR e DGGE para caraterizar a microflora de peixes de viveiro. Dissertação para obtenção do grau de philosophiae doctor (PhD) na Universidade de Bergen, Noruega.

Hozbor M. C., A. I. Saiz, M. I. Yeannes e R. Fritz. 2006. Alterações microbiológicas e sua correlação com índices de qualidade durante o armazenamento aeróbico de salmão do mar *(Pseudopercis semifasciata). Journal of Food Science Technology,* 39: 99 - 104.

Hui, Y. H. 2006. Handbook of Food Science, Technology and Engineering (Manual de Ciência, Tecnologia e Engenharia Alimentar). CRC Press, Boca Raton, FL, ISBN: 10: 0849398479, pp: 3632.

Huidobro, A., A. Pastor e M. Tejada. 2000. Método de índice de qualidade desenvolvido para dourada crua *(Sparus aurata). Journal of Food Science,* 65(7): 1202

- 1205.

Huis in't Veld, J. H. J. 1996. Deterioração microbiana e bioquímica dos alimentos: An overview. *Jornal Internacional de Microbiologia Alimentar,* 33: 1 - 18.

Hultin, H. O. 1994. Oxidação de lípidos em mariscos. In: Seafoods Chemistry, Processing Technology and Quality, Shahidi, F. and J.R. Botta (Eds.), 1st Edn., Blackie Academic and Professional, London, UK, ISBN: 10: 0751402184, pp:49 - 74.

Huss, H. H. 1994. Assurance of seafood quality (Garantia da qualidade dos produtos do mar). FAO fisheries technical paper 334. pp 46 - 53.

Huss, H. H e A. Larsen. 1980. Alterações no potencial de oxidação-redução (Eli) do peixe fumado e salgado durante o armazenamento. Lebensm -Wiss & Technology, 13: 40 - 43.

Huss, H. H. 1988. Fresh fish-quality and quality changes. Roma: FAO Fisheries series No. 29.

Huss, H. H. 1995. Quality changes in fresh fish. FAO Fisheries Technical Paper No. 348, Organização das Nações Unidas para a Alimentação e a Agricultura, Roma.

Huss, H. H., P. Dalgaard e L. Gram. 1997. Microbiologia do peixe e dos produtos da pesca. Em J. B. Luten, T. Borresen, & J. Oehlenschlager (Eds.), Seafood from producer to consumer, integrated approach to quality (pp. 413 - 430). Amseterdam: Elsevier Science Publishing.

Huss, H. H., L. Ababouch e L. Gram. 2003. Assessment and management of seafood safety and quality (Avaliação e gestão da segurança e qualidade dos produtos do mar). FAO Fisheries Technical Paper No. 444, FAO, Roma, pp: 230.

ICMSF (Comissão Internacional de Especificação Microbiológica para Alimentos), (1986): Microorganismos nos alimentos 2. Amostragem para análise microbiológica: Princípios e aplicações específicas. 2nd Ed. Comissão Internacional de Especificações Microbiológicas para os Alimentos. Blackwell Scientific Publications.

Jageethadevi, A., P. Saranraj e N. Ramya. 2012. Efeito inibitório de conservantes químicos e ácidos orgânicos sobre o crescimento e ácidos orgânicos sobre o crescimento de patógenos bacterianos em frango de capoeira. *Jornal Asiático de Pesquisa Bioquímica e Farmacêutica,* 1 (2): 1 - 9

Jeyasekaran, G., P. Ganesan, R. Jeya Shakila, K. Maheswari e D. Sukumar. 2004. Gelo seco como meio de arrefecimento natural, juntamente com gelo de água, para a conservação a curto prazo de peixe, dourada, lethrinus (*Lethrinus miniatus*). *Innovative Food Science and Emerging,* 5: 485 -493.

Johnston, W. A., F. J. Nicholson e A. Roger. 1994. Freezing and refrigerated storage in fisheries. FAO Fisheries Technical Paper - T340, Roma, Itália.

Jones, N. R. 1963. Chemical change in fish muscle during storage. *Proceedings in Nutrition,* 22: 172 - 176.

Jorgensen, B. R e H. H. Huss. 1989. Growth and activity of *Shewanella putrefaciens* isolated from spoiling fish. *International Journal of Food Microbiology*, 9: 51 - 62.

Kaitaranta, J. K. 1992. Controlo da oxidação lipídica em óleo de peixe com vários compostos antioxidantes. *Journal of American Oil Chemists Society,* 69: 810 - 813.

Karnicki, Z e Lima dos Santos. 1985. Tempo de armazenamento de espécies africanas de peixe refrigerado. Em storage life in chilled fish and fish products. Arbeldeen. UK. 169 -175.

Kelleher, S. D., L. A. Silva, H. O. Hultin e K. A. Wilhelm. 1992. Inibição da oxidação lipídica durante a transformação de cavala do Atlântico lavada e picada. *Journal of Food Science,* 57: 1103 - 1108.

Khayat, A e D. Schwall. 1983. Lipid oxidation in seafood. *Food Technology,* 37: 130 - 140.

King, F. J., M. L. Anderson e M. A. Steinberg. 1962. Reaction of cod actomyosin with linoleic and linolenic acids. *Journal of Food Science*, 27: 363 - 366.

Klomklao, S., S. Benjakul e W. Visessanguan. 2004. Estudos comparativos sobre a atividade proteolítica do extrato esplénico de três espécies de atum habitualmente utilizadas na Tailândia. *Journal of Food Biochemistry,* 28: 355 -372.

Krebs, H. A., D. Wiggins e M. Stubbs. 1983. Estudos sobre o mecanismo da ação antifúngica do benzoato. *Biochemistry Journal,* 214: 657 - 663.

LeBlanc, R. J e E. L. LeBlanc. 1992. O efeito da super refrigeração com $CO_2$ snow na qualidade dos filetes de bacalhau *(Gadus morhua)* e solha de inverno *(Pseudopleuronectes americanus)* processados comercialmente. In: Huss, H.H., Jakobsen, M., Liston, J. eds. Quality Assurance in the Fish Industry. Amesterdão. Amesterdão, Países Baixos. Elsev Sci Pub B.V. 115 - 123.

Leistner, L e L. G. M. Gorris. 1995. Conservação de alimentos através da tecnologia de obstáculos. *Trends in Food Science and Technology*, 6: 41 - 46.

Leistner, L. 2000. Aspectos básicos da conservação de alimentos através da tecnologia de obstáculos. *Jornal Internacional de Microbiologia Alimentar,* 55: 181 - 186.

Levin, R. E. 1968. Deteção e incidência de espécies específicas de bactérias de deterioração no peixe. *Methodology in Applied Microbiology,* 16: 1734 - 1737.

Lima dos Santos. 1978. Deterioração bacteriológica de bagres de água doce da Amazônia *(Brachyplastistoma vaillant).*

Lin, T. M e J. W. Park. 1996. Protein solubility in Pacific whiting affected by proteolysis during storage. *Journal of Food Science,* 61: 536 - 539.

Liston, J. 1992. Bacterial spoilage in see foods. Em H. H. Huss, M. Jacobsen, & J. Liston (eds.), Development in food science, Vol. 30: Quality assurance in the sea fish industry. Actas de uma conferência internacional (pp. 93-105) Copenhaga, Dinamarca: Elsevier Science Publishing.

Liston, J. 1980. Microbiology in Fishery Science. In: Advances in Fish Science and Technology, Connel, J.J. (Ed.). Fishing News Books Ltd., Farnham, Reino Unido, ISBN: 10: 0852381085, pp: 138 - 157.

Liston, J., M. E. Stansby e H. S. Olcott. 1976. Bases bacteriológicas e químicas das alterações deteriorativas. Em Stansby M. E. (ed.). Industrial Fishery Technology. Robert E. Krieger, Nova Iorque, pp. 345-358.

Love, R. M. 1982. Factos básicos sobre o peixe. *Manuseamento e processamento de peixe*. Estação de Investigação de Torry. pp 2-19.

Lovenklev, M., I. Artin, O. Hagberg, E. Borch, E. Holst e P. Radstom. 2004. Quantitative interaction effects of carbon dioxide, sodium chloride and sodium nitrite on neurotoxin gene expression in non proteolytic *Clostridium botulinum* type B. *Applied Environmental Microbiology,* 70: 2928 - 2934.

Lyhs, U., J. M. K. Koort, H. S. Lundstrom e K. J. Bjorkroth. 2004. As estirpes *de Leuconostoc gelidum* e *Leuconostoc gasicomitatum* dominaram a população de bactérias do ácido lático associada à formação de um forte lodo numa conserva de arenque com ácido acético. *Jornal Internacional de Microbiologia Alimentar,* 90: 207 - 218.

Mahmoud, B. S. M., K. Yamazaki, K. Miyashita, I. I. Shin e T. Suzuki. 2006. Uma nova tecnologia de conservação de peixe através do tratamento combinado com soluções de NaCl electrolisado e compostos de óleos essenciais. *Food Chemistry,* 99: 656 - 662.

Martinez, A e A. Gildberg. 1988. Autolytic degradation of belly tissue in anchovy *(Engraulis encrasicholus). International Journal Food Science and Technology,* 23: 185 - 194.

Matamoros, S., M. F. Pilet, F. Gigout, H. Prevost e F. Leroi. 2009. Seleção e avaliação de bactérias lácticas psicrotróficas de origem marinha como inibidores de bactérias patogénicas e de deterioração. *Food Microbiology*, 26: 638 - 644.

Miladi, H., K. Chaieb, A. Bakhrouf, N. Elmnasser e E. Ammar. 2008. Efeitos da congelação na sobrevivência de *Listeria monocytogenes* em salmão fresco frio artificialmente contaminado. *Annals Microbiology*, 58: 471 - 476.

Mirvish, S. S, L. Wallcave, M. Eagen e P. Shubik. 1972. Reação ascorbato - nitrito: Possível meio de bloquear a formação de compostos N-nitroso carcinogénicos. *Ciência*, 7: 65 - 68.

Moghaddam, H. N., M. D. Mesgaran, H. J. Najafabadi e R. J. Najafabadi. 2007. Determinação da composição química, do conteúdo mineral e da qualidade proteica da farinha de peixe Kilka iraniana. *International Journal of Pollution Science,* 6: 354 - 361.

Morlier, D., S. Thiebault, G. Dalcher, B. Zeyer e J. Muller. 1989. Uma etiologia rara de oclusão aguda do intestino delgado: Anisakiasis. Revisão da literatura a propósito de um caso. *Anais de Gastroenterologia e Hepatologia,* 25: 99 - 103.

Murray, C. K e J. M. Shewan. 1979. The microbial spoilage of fish with special reference to the role of psychrotrophs. In: Russell, A.D. e R. Fuller (eds.) Cold tolerant microbes in spoilage and the environment, Academic Press, 117 - 136.

Nelson, J. S. 2006. Fishes of the World. 4th Edn., John Wiley and Sons, Nova Iorque, ISBN: 0471250317, pp: 262 - 263.

Neumeyer, K., T. Ross, G. Thomson e T. A. McMeekin. 1997. Validação de um modelo que descreve o efeito da temperatura e da atividade da água no crescimento de *Pseudomonas* psicrotróficas. *International Journal of Food Microbiology*, 38: 55 - 63.

Ojewola, G. S e S. I. Annah. 2006. Valor nutritivo e económico da inclusão de farinha de peixe dinamarquesa, farinha de pó de lagostim e farinha de resíduos de camarão em dietas de frangos de carne. *International Journal of Poultry Science*, 5: 390 - 394.

Okonta, A. A e J. K. Ekelemu. 2005. A preliminary study of microorganisms associated with fish spoilage in Asaba, Southern Nigeria. Actas da 20th Conferência Anual da Sociedade das Pescas da Nigéria (FISON), Port Harcourt, 14th - 18th novembro, pp: 557 - 560.

Olafsdottir, G., H. Lauzon, H. L. Martinsdottir, E. Oehlenschlager e K. Kristbergsson. 2005. Extensão do prazo de validade dos filetes de bacalhau *(Gadus morhua)* super-refrigerados e influência das flutuações de temperatura no crescimento microbiano e nos metabolitos. In: Volatile compounds as quality indicators in fish during chilled storage: Avaliação de metabolitos microbianos por um nariz eletrónico. Reykjavik.

Olafsdottir, G., H. L. Lauzon, E. Martinsdottir e K. Kristbergsson. 2006. Influência da temperatura de armazenamento nas caraterísticas de deterioração microbiana de filetes de arinca *(Melanogrammus aeglefinus)* avaliadas por previsão de qualidade multivariada. *International Journal of Food Microbiology,* 111: 112 - 125.

Omojowo, F. S., G. L. Idris e J. A. Ihuahi. 2009. Avaliação comparativa do sorbato de potássio e do metabissulfito de sódio sobre a segurança e o prazo de validade do peixe-gato fumado. *Ciências da Natureza,* 7: 10 - 17.

Ozogul, F e Y. Ozugul. 2000. Comparações dos métodos utilizados para a determinação do azoto básico volátil (TVB-N) na truta arco-íris *(Oncorhyncus mykiss). Turkish Journal of Zoology,* 24: 113 - 120.

Panuncio, A. 2001. Relatório de estudo para o curso de manuseamento e transformação de produtos marinhos: Surimi e produtos de surimi. *Fish Research International,* 22: 2 - 11.

Park, J. H., S. H. Seok, S. A. Cho, M. W. Baek e H. Y. Lee. 2005. Efeito antimicrobiano da mistura de condensados de cultura de bactérias produtoras de ácido lático (LCCM) contra *Salmonella enteritidis. Jornal Internacional de Microbiologia Alimentar,* 101: 111 - 117.

Paulsen, P e F. J. M. Smulders. 2003. Combinação de sistemas antimicrobianos naturais com outras técnicas de conservação: O caso da carne. In: Food Preservation Techniques, Zeuthen, P. e L. Bugh - Surensen (Eds.). Woodhead Publishing Ltd., Cambridge, pp: 71 - 85.

Pedrosa Menabrito, A e J. M. Regenstein. 1988. Shelf life extension of fresh fish-A review-Part I Spoilage of fish. *Journal of Food Quality,* 11: 117 - 127.

Popovic, T., O. Olsvik, P. A. Blake e K. Wachsmuth. 1993. Chorerae nas Amecas. Aspectos de origem alimentar. *Journal of Food Protocols,* 56: 811 - 821.

Raevuori, M. 1975. Efeito do nitrito e do eritorbato no crescimento de *Bacillus cereus* em enchidos cozinhados e em meios laboratoriais. Zentralbl Bakteriol Orig B, 161: 280 - 287.

Raghavan, S e H. O. Hultin. 2005. Sistema modelo para testar a eficácia dos antioxidantes no tecido muscular. *Journal of Agriculture and Food Chemistry,* 53: 4572 - 4577.

Rahman, S. F. 1999. Conservação de alimentos por congelação. In: Handbook of Food Preservation, Rahman, S.F. (Ed). Marcel Dekker, NY, ISBN: 0-8247-0209-3, pp. 258, 262, 268: 258, 262, 268.

Raja, K., O. J. Fernando, R. Thavasi, S. Jayalaksmi e T. Balasubramanian. 2006. Diversidade de populações bacterianas em aquários marinhos de recirculação com diferentes peixes ornamentais marinhos. *Research Journal Microbiology*, 1: 448 - 452.

Rand, A. G e L. F. Pivarnik. 1992. Enzyme Preservation of Fresh Seafoods (Conservação enzimática de mariscos frescos). In: Advances in Seafood Biochemistry, Composition and Quality, Flick Jr., G.J. and R.E. Martin (Eds.), 1st Edn., Technomic Publishing Co., Lancaster, USA.

Ravichandran, S., K. Kumaravel, G. Rameshkumar e T. T. Ajith Kumar, 2010. Peptídeos antimicrobianos de peixes marinhos. *Research Journal of Immunology*, 3: 146 - 156.

Ray, B. 2004. Fundamental Food Microbiology. 3rd Edn., CRC Press, FL., ISBN: 08493-1610-3, pp: 439-534.

Reddi, P. K., S. M. Constantinides e H. A. Dymsza. 1972. Atividade cateptica do músculo de peixe. *Journal Food Science,* 37: 643 - 648.

Reineccius, G. 1990. Off - flavours in foods. *Reviews in Food Science and Nutrition,* 29: 381 - 402.

Riaz Fatima, R., M. A. Khan e R. B. Qadri. 1988. Prazo de validade do camarão *(Penaeus merguiensis)* armazenado em gelo (0°C) e parcialmente congelado (-3°C). *Journal of the Science of Food and Agriculture,* 42: 235 - 247.

Rice Evans, C. A., N. J. Miller e G. Paganga. 1996. Relações de atividade antioxidante estrutural de flavonóides e ácidos fenólicos. *Radical Livre e Medicina Biológica,* 20: 933 - 956.

Ringo, E., E. Stenberg e A. Strom. 1984. Catabolismo de aminoácidos e lactato na respiração de óxido de trimetilamina de *Alteromonas putrefaciens. Applied Environmental Microbiology*, 47: 1084 - 1089.

Roberts, T. A. 1975. The microbial role of nitrite and nitrate. *Journal of Science and Food Agriculture*, 26: 1755 - 1760.

Ryser, E. T e E. H. Marth. 1999. *Listeria,* Listeriosis and food safety. Marcel Dekker, NY, ISBN: 10: 0824702352, pp: 141.

Rywotycki, R. 2002. The effect of selected functional additives and heat treatment on nitrosamine content in pasteurized pork ham. *Meat Science*, 60: 335 - 339.

Sallam, K. I. 2007. Avaliação química, sensorial e do prazo de validade do salmão fatiado tratado com sais de ácidos orgânicos. *Food Chemistry,* 101: 592 -600.

Sang, W e Z. T. Jin. 2004. A oxidação lipídica do óleo de fígado de peixe é afetada pela luz, antioxidantes e temperatura. *Journal Food Process and Preservation,* 28: 1 - 10.

Sen, D. P. 2005. Advances in Fish Processing Technology. Allied Publisher Private Limited, Mumbai, Índia, ISBN: 81-7764-655-9, pp: 448.

Shahidi, F e Y.V.A.J. Kamil. 2001. Enzimas de peixes e invertebrados aquáticos e sua aplicação na indústria alimentar. *Trends in Food Science and Technology,* 12: 435 - 464.

Shanmugam, A., T. Amalraj, C.P.G. Devanathan e T. Balasubramanian. 2008. Atividade antimicrobiana de mucopolissacáridos sulfatados [Heparina e Glicosaminoglicanos (GAGs) semelhantes à Heparina] do choco *Euprymna berryi* Sasaki, 1929. *Tendências em Ciências Aplicadas e Investigação,* 3: 97 - 102.

Sharpe, A. N., M. N. Woodrow e A. K. Jackson. 1970. Adenosine triphosphate (ATP) levels in foods contaminated with bacteria. *Journal of Applied Bacteriology*, 33: 758 - 767.

Shelef, L. A e J. Seiter. 2005. Antimicrobianos Indirectos e Diversos. In: Antimicrobials in Food, Davidson, P.M., J.N. Sofos e A.L. Branen (Eds.), 3rd Edn., CRC Press, FL., ISBN: 10: 0824740378, pp. 11-48: 11-48.

Shewan J. M. 1962. A bacteriologia do peixe e do peixe estragado e algumas alterações químicas relacionadas. *Avanços recentes em Ciências Alimentares*, 1: 167 - 193.

Shewan, J. M. 1961. The Microbiology of Sea-Water Fish. In: Fish as Food, Borgstrom, G. (Ed.). Academic Press, FL., pp: 487 - 560.

Simpson, B. K. 1997. Innovative Strategies for Controlling Fresh Fish Texture Degradation During Postharvest Handling and Storage, In: Seafood Safety, Processing and Biotechnology, F. Shahidi, Y. Jones e D.D. Kitts (Eds.). Technomic Publishing Co., Lancaster, EUA, ISBN: 10: 1566765730, pp. 161 - 180: 161 - 180.

Sindclar, J. J e T. A. Houser. 2009. Sistemas Alternativos de Cura. In: Ingredients in Meat Products: Properties, Functionality and Applications, Tarte, R. (Ed.). Springer Science and Business Media, NY, pp: 379 - 405.

Siringan, P., N. Raksakulthai e J. Yongsawatdigul. 2006. Autolytic activity and biochemical characteristics of endogenous proteinases in Indian anchovy *(Stolephorus indicus). Food Chemistry,* 98: 678 - 684.

Sivertsvik, M., J. T. Rosnes e G. H. Kleiberg. 2003. Effect of modified atmosphere packaging and super chilled storage on the microbial and sensory quality of Atlantic salmon (*Salmo slar*) fillets. *Journal of Food Science*, 68(4): 1467 - 1472.

Smith, J. S. M., R. Hardy, I. MacDonald e J. Templeton. 1980. Armazenamento de arenque (*Clupea harengus*) em gelo, água do mar refrigerada e à temperatura ambiente. Avaliação química e sensorial. *Journal of the Science of Food and Agriculture*, 31: 375 - 385.

Sperber, W. H. 1983. Influência da atividade da água nas bactérias de origem alimentar - Uma revisão. *Journal of Food Protection*, 46: 142-150.

Surendran, P. K., J. Joseph, A. V. Shenoy, P. A. Perigreen, K. M. Iyer e K. Gopakumar. 1989. Studies on spoilage of commercially important tropical fishes under iced storage. *Fish Research*, 7: 1 - 9.

Sutharshiny, S e K. Sivashanthini. 2011. Teor total de lípidos e colesterol na carne de cinco peixes comerciais importantes das águas em torno da Península de Jaffna, Sri Lanka. *Jornal Internacional de Química Biológica,* 6: 161 - 169.

Tan, W e L. A. Shelef. 2002. Effects of sodium chloride and lactates on chemical and microbiological changes in refrigerated and frozen fresh ground pork. *Meat Science,* 62: 27 - 32.

Taoukis P. S., K. Koustsoumsnis e G. J. E. Nychas. 1999. Modelação da microflora de deterioração do boque (oops boops) como base para a monitorização da distribuição refrigerada com indicadores de tempo - temperatura. Em Bourgeois, C. M, Roberts T. A. (Eds.), Predictive microbiology applied to chilled food preservation (Proceedings of the international Symposium, Quimper, France, June 16-18, 1997). Série de Actas da Ciência e Tecnologia da Refrigeração, Instituto Internacional de Refrigeração (IIR), Paris, França, pp 316 - 325.

Tomé, E., P. A. Gibbs e P.C. Teixeira. 2008. Controlo do crescimento de *Listeria innocua* 2030c em salmão fumado a frio embalado a vácuo por bactérias lácticas. *International Journal of Food Microbiology,* 121: 285 -294.

Tompkin, R. B. 2005. Nitrito. In: Antimicrobials in Food, Davidson, P.M., J.N. Sofos e A.L. Branen (Eds.), 3rd Edn., CRC Press, FL., ISBN: 0824740378, pp: 169 - 236.

Tompkin, R. B., L. N. Christiansen e A. B. Shaparis. 2007. The effect of iron on botulinal inhibition in perishable canned cured meat. *International Journal of Food Science and Technology*, 13: 521 - 527.

Undeland, I., G. Hall, K. Wendin, I. Gangby e A. Rutgersson. 2005. Prevenção da oxidação lipídica durante a recuperação de proteínas funcionais de filetes de arenque *(Clupea harengus)* através de um processo de solubilização ácida. *Journal of Agricultural and Food Chemistry,* 53: 5624 - 5634.

Unklesbay, N. 1992. World Food and You. Food Product Press, NY, ISBN: 1560220104, pp: 251.

Van Spreekens, K. J. A. 1977. Characterization of some fish and shrimp spoiling bacteria. *Antonie Van Leeuwenhoek,* 43: 283 - 303.

Walker, R. 1985. Agentes sulfitantes em alimentos: Some risk/benefit considerations. *Food Addition and Contamination*, 2: 5 - 24.

Warth, A. D. 1988. Efeito do ácido benzoico no rendimento do crescimento de leveduras que diferem na sua resistência aos conservantes. *Applied Environmental Microbiology*, 54: 2091 - 2095.

Warth, A. D. 1991. Mecanismo de ação do ácido benzoico sobre os efeitos de *Zygosaccharomyces* nos níveis de metabolitos glicolíticos, produção de energia e pH intracelular. *Applied Environmental Microbiology*, 57: 3410 - 3414.

Wefky, S e M. Ghobrial, 2008. Estudos sobre a bioatividade de diferentes extractos de solventes de macroalgas marinhas seleccionadas contra agentes patogénicos de peixes. *Jornal de Investigação de Microbiologia*, 3: 673 - 682.

Yamashita, M e S. Konagaya, 1990. Participação da catepsina L no amolecimento extensivo do músculo do salmão chum capturado durante a migração para a desova. *Nippon Suisan Gakkaishi*, 56: 1271 - 1277.

Yongsawatdigul, J., J.W. Park, P. Virulhakul e S. Viratchakul. 2000. Proteolytic degradation of tropical tilapia surimi. *Journal of Food Science,* 65: 129 - 133.

Yorkowski, M e H. Brockerhoft. 1965. Lyso lecthinase of cod muscle. *Journal of Fish Research,* 22: 643 - 652.

Zeng, Q. Z., K. A. Thorarinsdottir e G. Olafsdottir. 2005. Alterações de qualidade do camarão *(Pandalus borealis)* armazenado em diferentes condições de arrefecimento. *Journal of Food Science,* 70(7): S459 - S466.

MIX
Papier aus verantwortungsvollen Quellen
Paper from responsible sources
FSC® C105338

Printed by Books on Demand GmbH, Norderstedt / Germany